2024 年度版
土木施工単価 の 解説

ISO9001 認証登録
全国 調査・研究部門

資材価格，料金，労働者賃金，工事費，建設投資及び
一般経済に関する調査・研究並びに付帯サービス

目 次

本誌の利用にあたって

　本誌は，土木工事・下水道工事・港湾工事市場単価，土木工事標準単価の適正な使用を目的とした，季刊『土木施工単価』の利用の手引きです。本誌では2024年度（令和6年度）の変更点を含め，これまでにいただきましたさまざまなご質問，ご要望を踏まえ，改訂を行っております。

　また，適用基準等の改訂を解説した「新旧対比表」を掲載しています。適用基準および単価が掲載されている季刊『土木施工単価』とあわせてご活用ください。

■　本誌の構成

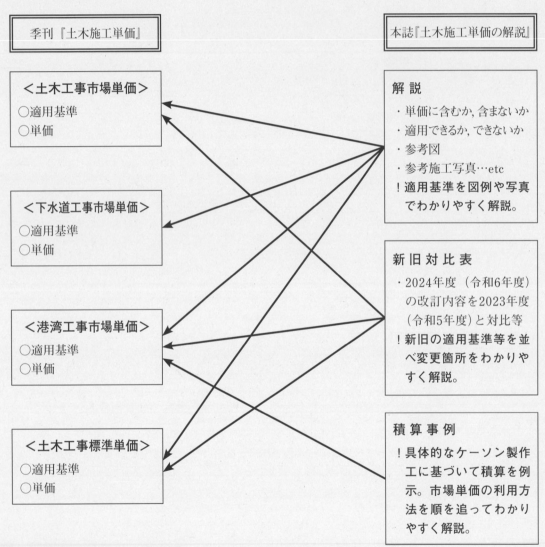

■　ご利用にあたっての注意

●適用基準および単価は，季刊『土木施工単価』に掲載しています。

●本誌では，単価に含まれる内容や，適用の可否について解説しています。これらは，一般財団法人経済調査会の解釈によるものですので，具体的な運用に際してはあくまでも積算者の判断を優先してください。また，年度途中においても内容，解釈とも変更する可能性があります。ご利用にあたっては各号の表示にご注意ください。

■ 本誌の見方

　ここでは，土木工事・下水道工事市場単価および土木工事標準単価の「**◆重複する補正係数の適用について**」をより詳しく説明します。なお，港湾工事市場単価については各工種頁の「**◆適用フロー**」をご参照ください。

◆重複する補正係数の適用について

　複数の補正係数を適用する場合の適用方法を一覧表にしました。その表の見方と適用方法について，例題により以下に解説します。

区　分	記　号	S_1	K_1	K_2
施 工 規 模 ③	S_1		S_1	○
時間的制約①	K_1	S_1		○
夜 間 作 業 ②	K_2	○	○	

凡　例	
○	重複して適用可能。
－	重複して適用不可。 （一つのみ選択，重複することがないなど）
項目横の○数字	重複を審査する順番。
表中の記号	重複した場合に適用する記号。 例では，S_1とK_1が重複したとき，S_1を適用することが読み取れます。

〈例〉 S_1（施工規模）とK_1（時間的制約），K_2（夜間作業）の全ての条件にあてはまる場合

○補正後の市場単価は次式が考えられます。

　　Q（補正後の市場単価）＝P（標準の市場単価）×S_1（施工規模）×K_1（時間的制約）×K_2（夜間作業）

○しかし，複数の加算率や補正係数を適用する場合，その適用にあたってはいくつかの制限があります。適用表（上表）にしたがって，適用できる加算率や補正係数を絞り込みます。以下順を追って解説します。

START　項目横に○数字がある場合，○数字の順に審査します。また，項目横に○数字がない場合は，どこから審査しても同じ結果となります。

STEP1　「①」の時間的制約（K_1）から審査を開始します。
　　　表より，施工規模（S_1）と重複する場合は，施工規模（S_1）のみを適用します。よって，時間的制約（K_1）は適用できません。
　　　→補正後の市場単価は次式です。

　　Q（補正後の市場単価）＝P（標準の市場単価）×S_1（施工規模）×K_2（夜間作業）

STEP2　「②」の夜間作業（K_2）を審査します。
　　　表より，施工規模（S_1）と重複する場合は，重複して適用します。
　　　→補正後の市場単価は次式です。

　　Q（補正後の市場単価）＝P（標準の市場単価）×S_1（施工規模）×K_2（夜間作業）

　　※ STEP1 より時間的制約（K_1）は削除されているため，夜間作業（K_2）との重複については審査する必要はありません。

STEP3　「③」の施工規模（S_1）を審査します。
　　　表より，夜間作業（K_2）と重複する場合は重複使用可能です。

　　※ STEP1 より時間的制約（K_1）は削除されているため，施工規模（S_1）との重複については審査する必要はありません。

GOAL　 STEP1 ～ STEP3 より，正しい補正後の市場単価は次式により算出されます。

　　　Q（補正後の市場単価）＝P（標準の市場単価）×S_1（施工規模）×K_2（夜間作業）

土木工事市場単価 ¹

適用基準等の解説

土木工事市場単価

下水道工事市場単価

港湾工事市場単価

土木工事標準単価

新旧対比表

鉄　　　筋　　　工

◆鉄筋工とは

　河川，海岸，道路，水路，コンクリート橋梁，鋼橋梁用およびコンクリート橋用床版等のＲＣ構造物に使用する鉄筋の加工組立，および差筋，場所打杭の鉄筋かごの加工組立作業である。

◆市場単価に含む？含まない？

材　料		
鉄筋の材料費	×	主材料(鉄筋)は含まない。スペーサー，結束線などの副資材は含む。
場所打杭用かご筋（無溶接工法）の場合	×	固定金具，補強材およびスペーサーの材料費は含まない。

◆適用できる？できない？

材　料		
異形棒鋼を使用する場合	○	D10からD51まで適用できる。
丸鋼を使用する場合	○	$\phi9$から$\phi51$まで適用できる。
SD490などの鋼種違いを使用する場合	○	適用できる。
異形棒鋼と丸鋼が混在する場合	○	適用できる。

施　工		
場所打杭用かご筋の無溶接工法にて加工組立を行う場合	○	適用できる。
場所打杭用かご筋の組立時に形状保持のための溶接を行う場合	×	適用できない。
組立のみ（スパイラル筋など）の場合	×	適用できない。
加工のみの場合	×	適用できない。
組立が夜間，加工が昼間の場合	○	適用できる。夜間作業の補正係数（K_2）を使用する。
工場加工，現場組立の場合	○	適用できる。
25t吊を超える大型クレーンを使う場合	×	適用できない。
ダム本体工事の場合	×	適用できない。
架台を必要とする場合	○	適用できる。架台費用を別途加算する。
PCコンポ橋，PC合成桁橋用床版の場合	○	適用できる。ただし，PC床版は適用できない。
深礎杭で組立用鋼材（形鋼）を必要とする場合	○	適用できる。組立用鋼材の材料費・設置費を別途加算する。
機械式定着工法を使用して施工する場合	○	適用できる。鉄筋端部の定着体費用（加工費）を別途加算する。
杏座拡幅工の場合	×	適用できない。
（市場単価）法面工の補強鉄筋工として施工する場合	×	適用できない。

継　手		
重ね継手を行う場合	○	市場単価では標準としている。
機械式継手（樹脂固定式，圧着式など）を行う場合	○	機械式継手費用（材料費・設置手間）を別途加算する。
ガス圧接を行う場合	○	ガス圧接費用（市場単価）を別途加算する。
フレアー溶接を行う場合	○	フレアー溶接費用を別途加算する。

土木工事市場単価

対象構造物		
コンクリート舗装工，PC構造物	×	適用できない。『土木施工単価』鉄筋工 表1.1参照。

◆Q&A

Q	A
使用する鉄筋の長さは関係するか	鉄筋の長さにかかわらず適用できる。
太径鉄筋（D38以上D51以下）がある場合の係数の適用方法は	1単位当たり構造物ごとに補正係数を判定し，1単位構造物の全数に，補正係数を適用する。詳しくは次頁「太径鉄筋が含まれる場合の単価の算出方法」を参照。
25t吊を超えるクレーンを使用する場合は	市場単価では25t吊までのクレーンを前提としている。25t吊を超える大きなクレーンや，タワークレーンなどを使用する場合には適用できない。
直筋または定尺物にも適用するか	部分的に，直筋または定尺ものを使うものがあったとしても，構造物全体で判断する。対象構造物で全く加工が発生しない（全て定尺物かつ曲げ加工なし）場合には，「組立のみ(加工なし)」と判断できるので，市場単価は適用できない。

◆重複する補正係数の適用について

補正係数が重複する場合は下表に従い，適用する補正係数を選択する。
項目の中の○数字は，重複する補正係数を調べる順番である。

（一般構造物の場合）

区　　分	記号	S_1	K_1	K_2	K_3	K_4	$K_{5\sim7}$	T_1	T_2	T_3	T_4	T_5
施　工　規　模	S_1		S_1	○	○	○	○	○	○	○	○	○
時間的制約③	K_1	S_1		○	K_3	○	○	○	○	○	○	○
夜　間　作　業②	K_2	○	○		K_3	○	○	○	○	○	○	○
トンネル内作業①	K_3	○	K_3	K_3		－	○	K_3	K_3	K_3	K_3	K_3
法　面　作　業④	K_4	○	○	○	－		○	K_4	K_4	K_4	K_4	K_4
太　径　鉄　筋	$K_{5\sim7}$	○	○	○	○	○		○	○	－	－	－
切　　　　梁	T_1	○	○	○	K_3	K_4	○		－	－	－	－
地　下　構　造　物	T_2	○	○	○	K_3	K_4	○	－		－	－	－
橋　梁　床　版	T_3	○	○	○	K_3	K_4	－	－	－		－	－
Ｒ　Ｃ　ホ　ロ　ー	T_4	○	○	○	K_3	K_4	－	－	－	－		－
差筋，杭頭処理	T_5	○	○	○	K_3	K_4	－	－	－	－	－	

※1　場所打杭用かご筋には，K_3，K_4，$T_1 \sim T_5$の補正は適用できない。

※2　$T_1 \sim T_5$は，複数の選択はできない。

※3　$K_5 \sim K_7$は，太径鉄筋の比率によるため一つのみ選択できる。

※4　K_3(トンネル内作業)の場合，K_1(時間的制約)，K_2(夜間作業)の適用はできない。

※5　K_3(トンネル内作業)，K_4(法面作業)の場合，$T_1 \sim T_5$を選択しない。

※6　S_1(施工規模加算率)と時間的制約(K_1)が重複する場合は，S_1のみを適用する。

凡例
　○：重複して適用可能。
　－：重複して適用不可（一つのみ選択，重複することがないなど）。
　表中の記号：重複した場合に適用する記号。
　（「本誌の利用にあたって」を参照。）

4／鉄筋工

◆直接工事費の算出例

〔例1〕施工条件：一般構造物　施工規模加算あり　時間的制約あり　他の補正条件はなし

➡施工規模加算率と時間的制約を受ける場合の補正係数が重複する場合は，施工規模加算のみを適用する。

【算出例】

項目名称	規格	数量	単位	単価	金額	備考
鉄筋工		5	t	$Q=65{,}000\times(1+15/100)\times(1.00)\times(1.00)$ $=74{,}750$	373,750	参考値
合計（直接工事費）					373,750	

Q：補正後の市場単価　$Q=P\times(1+S_0\ or\ S_1/100)\times(K_1\times K_2\times\cdots\times K_7)\times(T_1\ or\ T_2\ or\cdots or\ T_5)$
P：標準の市場単価（掲載単価）　　S_n：加算率　　　K_n：補正係数1　　　T_n：補正係数2

〔例2〕施工条件：地下構造物

💡　補正係数2の適用注意

➡地下構造物のため，補正係数$T_2(1.10)$を適用する。

項目名称	規格	数量	単位	単価	金額	備考
鉄筋工		100	t	$Q=65{,}000\times1.10$ $=71{,}500$	7,150,000	参考値
鉄筋材料費	D22	30.9	t	75,000	2,317,500	参考値
	D35	72.1	t	80,000	5,768,000	参考値
合計（直接工事費）（100 t 当たり）					15,235,500	

Q：補正後の市場単価　$Q=P\times(1+S_0\ or\ S_1/100)\times(K_1\times K_2\times\cdots\times K_7)\times(T_1\ or\ T_2\ or\cdots or\ T_5)$
P：標準の市場単価（掲載単価）　　S_n：加算率　　　K_n：補正係数1　　　T_n：補正係数2
※鉄筋材料費の数量はロスを含む。施工数量は設計数量で判断する。

◆太径鉄筋（D38以上D51以下）が含まれる場合の単価の算出方法

補正係数は対象となった1単位当たりの構造物全ての設計質量に適用する。

太径鉄筋30 t，太径以外の鉄筋70 t。合計100 tの場合を例にすると，

太径鉄筋の割合は30 t /100 t ＝30％…補正係数の適否を判定する。

↓

太径鉄筋の補正係数（K_6）を適用する。

↓

直接工事費は＝**100 t ×標準市場単価×K_6**となる。

◆設計・積算・施工等における留意事項

（1）鉄筋を直接地表に置くことを避け，倉庫内に貯蔵しなければならない。また，屋外に貯蔵する場合は，雨水等の浸入を防ぐためシート等で適切な覆いをしなければならない。

（2）鉄筋の材質を害さない方法で加工しなければならない。

（3）鉄筋を組立てる前にこれを清掃し，浮きさびや鉄筋の表面についた泥，油，ペンキ，その他鉄筋とコンクリートの付着を害するおそれのあるものは，これを除かなければならない。

（4）設計図書に特に定めのない限り，鉄筋のかぶりを保つよう，スペーサーを設置するものとし，型枠に接するスペーサーについてはコンクリート製あるいはモルタル製で本体コンクリートと同等以上の品質を有するものを使用しなければならない。鉄筋のかぶりとはコンクリート表面から鉄筋までの最短距離をいう。

（5）鉄筋の重ね継手を行う場合は，設計図書に示す長さを重ね合わせて，直径0.8mm以上のなまし鉄線で数箇所緊結しなければならない。

（6）設計図書に明示した場合を除き，継手を同一断面に集めてはならない。

（7）鉄筋の継手位置として，引張応力の大きい断面を避けなければならない。

（8）場所打杭用かご筋の組立てにおいては，組立て上の形状保持などのための溶接を行ってはならない。

6／鉄筋工

◆参考図

【異形棒鋼の規格】

SD295	D10
	D13
	D16
SD345	D10
	D13
	D16, D19, D22, D25
	D29, D32
	D35
	D38
	D41
	D51
SD390	D29, D32
	D35
	D38
	D41
SD490	D35
	D38
	D41

【異形棒鋼の単位質量】

呼び径	単位重量(kg/m)	呼び径	単位重量(kg/m)
D10	0.560	D29	5.04
D13	0.995	D32	6.23
D16	1.56	D35	7.51
D19	2.25	D38	8.95
D22	3.04	D41	10.5
D25	3.98	D51	15.9

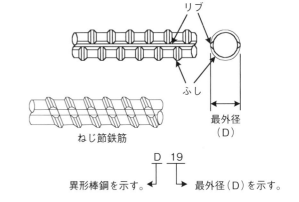

ねじ節鉄筋

異形棒鋼を示す。　D　19　最外径(D)を示す。

【フレアー溶接】

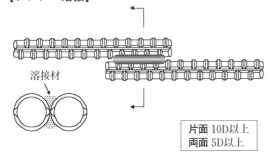

溶接材

片面 10D以上
両面 5D以上

【杭頭処理の例】

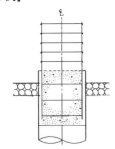

【副資材（スペーサー）の例】

【規格，補正係数の選定フロー】

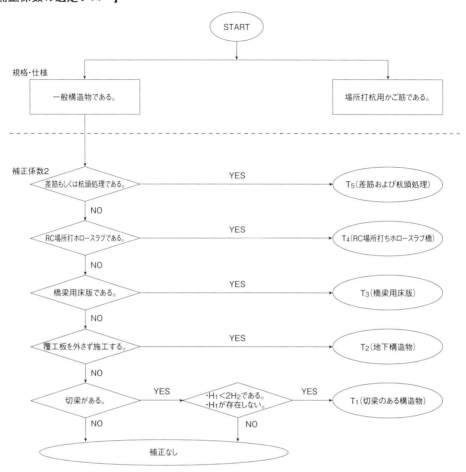

❖ 用 語 解 説 ❖

異形棒鋼（いけいぼうこう）
　コンクリートとの付着力を高めるため,ふし（節）やリブを設けた鉄筋。異形鉄筋ともいう。→鉄筋

ガス圧接（がすあっせつ）
　鉄筋継手の一つで, 鉄筋を突き合わせて, 圧力を加えながら, 接合部を酸素・アセチレン炎で加熱し, 接合部を溶かすことなく赤熱状態でふくらみを作り, 接合する工法。

被り（かぶり）
　コンクリート表面と鉄筋表面の距離。

機械式継手（きかいしきつぎて）
　鉄筋継手の一つで, 鉄筋を直接接合するのではなく, 機械的に継ぐ方法。トルク固定式, 圧着固定式, 樹脂固定式などがある。

橋梁地覆（きょうりょうじふく）
　車両の道路外への逸脱を防ぐために橋梁側端部に設ける橋面より高くした箇所で, 高欄の基礎や, 側溝などの機能を持つ。

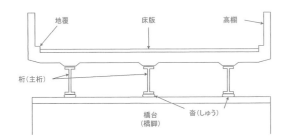

切梁（きりばり）
　鋼矢板などの山留材を支える梁。

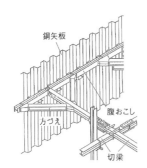

スペーサー（すぺーさー）
　鉄筋のかぶりを確保するための, 型枠と鉄筋の間に設置するもの。鋼製,合成樹脂製,コンクリート製がある。

鉄筋（てっきん）
　鉄筋コンクリートに用いる主材料。引張力に対して弱いコンクリートを補強するためにコンクリートに埋め込んで, 一体となって外力に抵抗する。通常, コンクリートとの付着力を高めるため, ふし（節）やリブを設けた異形棒鋼が用いられる。（6頁の参考図参照）

鉄筋工（てっきんこう）
　鉄筋の加工・組立作業。市場単価では, 鉄筋の現場での荷おろしから小運搬, 加工, 組立までの一連作業の施工費をいう。

トラッククレーン（とらっくくれーん）
　普通トラックまたはクレーン専用として作られた車両の荷台にクレーンを架装したもの。トラックの運転席と, クレーンの操縦室がわかれたもの。

ねじ節鉄筋（ねじふしてっきん）
　異形棒鋼の一種で, 専用のカップラーで鉄筋を継ぐことができるように, 横リブがネジ状に加工されているもの。→鉄筋

場所打杭用かご筋（ばしょうちくいようかごきん）
　場所打杭に用いるかご筋。あらかじめ地上でかご状に組立て, 掘削した杭孔に建込む。

PC橋（ぴーしーきょう）
　PCとは, プレストレストコンクリート（Prestressed Concrete）の略。PC棒鋼等でコンクリートに緊張（ストレス）を与え, コンクリートの弱点である引張強度を補強した橋梁。少ない鉄筋で軽量かつ強靭な構造物を造ることができる。

太径鉄筋（ふとけいてっきん）
　市場単価では, D38以上D51以下の鉄筋を太径鉄筋としている。1単位当たりの構造物に含まれる太径鉄筋の割合に応じて, 標準の市場単価を補正する。

フレアー溶接（ふれあーようせつ）
　鉄筋を継ぐ手法の一つで, 鉄筋側面を溶接する方法。

ラフテレーンクレーン（らふてれーんくれーん）
　タイヤ付の車軸で支えられた専用の下部走行体の上にクレーン装置を架装したもの。一つの運転室で, 走行とクレーン操作の二つの操作が可能なクレーン。大径タイヤを装備し, 二軸四輪駆動, 四輪操舵方式により不整地や比較的軟弱な地盤でも走行できるほか, 狭隘地での機動性も優れている。略してラフターともいう。

鉄筋工（ガス圧接工）

◆鉄筋工（ガス圧接工）とは

　ガス圧接工とは，鉄筋の端部を突合わせ，その突合わせ部分に酸素とアセチレンガスの炎で加熱し，軸方向圧縮力を加えながら，鉄筋と鉄筋を接合する工法である。

　近年では，鉄筋の接合に，ガス圧接工の他，機械式継手や突合せアーク溶接などさまざまな工法がある。

◆市場単価に含む？含まない？

材　料・施　工		
主材料（酸素，アセチレン）の費用	○	必要となる主材料を含む。
圧接する鉄筋の材料費	×	含まない。
作業に必要となる圧接器等の施工道具の費用	○	ホース，ポンプ，バーナーなどを含む。
清掃の費用	○	圧接面の清掃を含む。
試験費用	×	含まない。

◆適用できる？できない？

施　工		
突合せ溶接継手，フレアー溶接の場合	×	自動または手動(半自動)のガス圧接工法以外には適用できない。
径違い鉄筋を圧接する場合	○	適用できる。単価は，上位規格を使用する。
建築工事で使用する場合	×	適用できない。建築工事の場合は，季刊『建築施工単価』を参照。
熱間押抜法によるガス圧接の場合	×	適用できない。
丸鋼，ねじ節鉄筋を圧接する場合	○	適用できる。

◆Q＆A

Q	A
圧接後の試験とは？	ふくらみや偏心を検査する，目視やノギス等による外観検査と超音波探傷試験等がある。

10／鉄筋工（ガス圧接工）

◆重複する補正係数の適用について

補正係数が重複する場合は下表に従い，適用する補正係数を選択する。

区　分	記　号	S_1	K_1	K_2
施 工 規 模	S_1		S_1	○
時 間 的 制 約	K_1	S_1		○
夜 間 作 業	K_2	○	○	

凡例
　○：重複して適用可能。
　－：重複して適用不可
　　　（一つのみ選択，重複することがないなど）。
　表中の記号：重複した場合に適用する記号。
　（「本誌の利用にあたって」を参照）

◆直接工事費の算出例

〔例〕　施工条件：施工規模加算あり　時間的制約あり

💡　施工規模判定に注意

➡施工規模加算率と時間的制約の補正係数が重複する。重複する場合は，施工規模加算率のみ適用する。

項目名称	規　格	数　量	単　位	単　価	金　額	備　考
鉄筋工（ガス圧接工）	D22＋D22	50	箇所	$Q=500×(1+15/100)$ $=575$	28,750	参考値
合　計（直接工事費）					28,750	

Q：補正後の市場単価　　$Q=P×(1+S_0 \text{ or } S_1/100)×(K_1×K_2)$
P：標準の市場単価（掲載単価）　　S_n：加算率　　　K_n：補正係数

◆設計・積算・施工等における留意事項

（1）圧接面を圧接作業前にグラインダー等でその端面が直角で平滑となるように仕上げるとともに，さび，油，塗料，セメントペースト，その他の有害な付着物を完全に除去しなければならない。

（2）降雪雨または，強風等の時は作業をしてはならない。ただし，作業が可能なように，遮へいした場合は作業を行うことができる。

◆参考資料

土木工事市場単価

◆参考図

【鉄筋継手の種類】

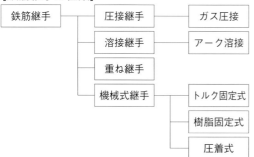

【機械式継手】

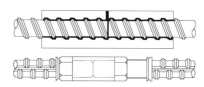

【ガス圧接】

【重ね継手】

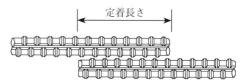

【ガス圧接の外観】

【突合せアーク溶接】

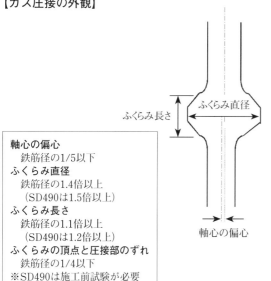

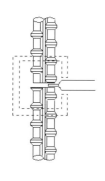

軸心の偏心
　　鉄筋径の1/5以下
ふくらみ直径
　　鉄筋径の1.4倍以上
　　（SD490は1.5倍以上）
ふくらみ長さ
　　鉄筋径の1.1倍以上
　　（SD490は1.2倍以上）
ふくらみの頂点と圧接部のずれ
　　鉄筋径の1/4以下
※SD490は施工前試験が必要

インターロッキングブロック工

◆インターロッキングブロック工とは

　路盤上に高振動加圧即時脱型方式により製造された舗装用コンクリートブロックを表層に用いた舗装のことであり，ブロック相互のかみ合わせ効果により応力を分散させ，舗装構造として有効に機能する舗装である。また，ブロックの形状，色調，表面テクスチャーおよび敷設パターンを種々選択することにより，意匠性に優れた舗装面を構築できる。

◆市場単価に含む？含まない？

材　料・施　工		
インターロッキングブロックの費用	○	材料費，施工費共に含む。
目地砂の費用	○	材料費，施工費共に含む。
敷材料費（砂もしくは再生砂）	△	材料費は含まないが，施工費は含む。
敷材料費（空練モルタル普通もしくは空練モルタル高炉）	△	材料費は含まないが，混練り費用および施工費は含む。
路盤材の費用	×	材料費，施工費共に含まない。

◆適用できる？できない？

材　料		
特殊品（1）（標準品と同形状で青色および特殊配合した色のブロック）の場合	○	ブロック厚6cmもしくは8cmのみ適用できる。適用にあたっては，次頁「施工」欄の「特殊品を設置する場合」を参照。
特殊品（2）（視覚障害者用に表面加工してあるブロック）の場合	○	ブロック厚6cmもしくは8cmのみ適用できる。適用にあたっては，次頁「施工」欄の「特殊品を設置する場合」を参照。
特殊品（3）（標準品と同形状でショットブラスト仕上げ，洗い出し仕上げ，研出し仕上げ，粉末樹脂，ガラスビーズ，溶射等を行い表面加工したもの。デザインを施したもの。透水性，植生用，複合（天然石，タイル）のもの）の場合	○	ブロック厚6cmもしくは8cmのみ適用できる。適用にあたっては，次頁「施工」欄の「特殊品を設置する場合」を参照。
オリジナル品（標準品と形状の異なる各社のオリジナル品。特に扇型等曲線的配置を目的としたもの）の場合	×	適用できない。

施　工		
標準品（直線配置・2色色合せ）の場合	○	適用できる。「直線配置」を使用。
標準品（曲線配置・2色色合せまでの，半径10m以上で楕円または欠円を含む円形および波形の配置）の場合	○	適用できる。「曲線配置」を使用。
標準品（直線配置・3色以上による色合せで，絵柄を含む模様の場合も含む）の場合	○	適用できる。「直線配置3色以上による色合せ」を使用。
標準品（曲線配置・3色以上による色合せで，絵柄を含む模様の場合も含む）の場合	○	適用できる。「曲線配置3色以上による色合せ」を使用。
ハンドホール蓋部，マンホール蓋部および単体のキャブ部の蓋部に設置・撤去する場合	○	適用できる。蓋部と接続する面のブロック厚（6cmもしくは8cm）を選択して使用。

施　工		
特殊品を設置する場合	○	標準の市場単価から標準のブロック厚6cm（8cm）の材料費を差し引きして設置手間を求め，特殊品の材料費を加算して適用する（材料費の入れ換え）。ただし，加算率・補正係数を適用する場合は，標準の市場単価を補正した後，材料費を差し引く。
オリジナル品を設置・撤去する場合	×	適用できない。
連続するキャブ部の蓋部に設置・撤去する場合	×	適用できない。
敷材料に練りモルタル，樹脂モルタルを使用する設置および撤去の場合	×	適用できない。

◆Q&A

Q	A
ブロック厚3cmの場合，市場単価の材料入れ換え計算式を適用できるか	ハンドホール蓋部，マンホール蓋部および単体のキャブ蓋部に設置・撤去する場合は適用できる。それ以外の場所では，ブロック厚6cm，8cm以外は適用できない。
空練りモルタルの定義と配合は	砂とセメントを水を加えずに混ぜたもの。配合はセメント：砂＝1：3〜1：6。
ブロック厚6cmと8cmの設置箇所がある場合の施工規模加算率の適用は	施工規模の判定は，設置と撤去の区分で行っているので，規格によらず設置または撤去それぞれの数量で判定する。この場合は，ブロック厚6cmと8cmの全施工面積で施工規模加算の有無を判断する。
透水性ブロックを施工する場合等で，透水シートを用いる場合は，どこまで含まれるか	透水シートを敷く手間は含むが，透水シートの材料費は含まない。

◆重複する補正係数の適用について

補正係数が重複する場合は下表に従い，適用する補正係数を選択する。

区　分	記　号	S₁	K₁	K₂
施　工　規　模	S₁		S₁	○
時　間　的　制　約	K₁	S₁		○
夜　間　作　業	K₂	○	○	

凡例
○：重複して適用可能。
－：重複して適用不可（一つのみ選択，重複することがないなど）。
表中の記号：重複した場合に適用する記号。
（「本誌の利用にあたって」を参照）

◆敷材料使用量の算出

① 敷材料は，市場単価に含まれていないため使用量を算出し，別途計上する。
敷材料は砂又は空練りモルタルとし，材料の使用量は次式による。
砂・モルタル普通・モルタル高炉・再生砂の場合
使用量（㎥）＝100（㎡）×敷材料の厚さ（m）×（1＋K）
K：ロス率

材　料　名	ロス率
砂	＋0.29
空練りモルタル	＋0.14

② 敷砂の粒度分布，透水係数を指定されない場合は，乾燥した粗目，中目の砂の使用を標準とする。
③ 目地砂（一般的には細目を使用）は市場単価に含まれる。

14／インターロッキングブロック工

◆直接工事費の算出例

〔例１〕施工条件：施工規模加算あり　時間的制約，夜間作業なし

項目名称	規　格	数　量	単　位	単　価	金　額	備　考
インターロッキングブロック工	設置　直線配置厚さ6cm	90	㎡	Q＝4,800×(1＋10/100)×1.0 ＝5,280	475,200	参考値
合　計（直接工事費）					475,200	

Q：補正後の市場単価　Q＝P×(1＋S_0 or S_1/100)×(K_1×K_2)
P：標準の市場単価（掲載単価）　　　Sn：加算率　　　　Kn：補正係数

〔例２〕施工条件：施工規模加算，時間的制約，夜間作業なし

💡　施工規模判定に注意

➡おのおのの規格の数量は標準施工規模（100㎡以上）を下回るが，全て「設置」のため１工事における合計数量で判定。90＋20＝110㎡

項目名称	規　格	数　量	単　位	単　価	金　額	備　考
インターロッキングブロック工	設置　直線配置厚さ6cm	90	㎡	Q＝4,800×(1＋0/100)×1.0 ＝4,800	432,000	参考値
	設置　直線配置厚さ8cm	20	㎡	Q＝5,000×(1＋0/100)×1.0 ＝5,000	100,000	参考値
合　計（直接工事費）					532,000	

Q：補正後の市場単価　Q＝P×(1＋S_0 or S_1/100)×(K_1×K_2)
P：標準の市場単価（掲載単価）　　　Sn：加算率　　　　Kn：補正係数

◆再使用時の設計価格の算出

①　設置してあるインターロッキングブロックを撤去して，再使用する場合は次式による。
　　撤去(再使用)の標準市場単価×加算率・補正係数＋設置手間＋材料のロス
　　（注１）再設置に当たり発生する材料のロスは，新設と同様２％とする。
　　（注２）設置手間については，特殊品を設置する場合と同じ。
　　（注３）連続するキャブ部の蓋部の場合は，別途考慮する。
②　撤去と設置の面積が同じ場合は，設置面積のロス分の材料費を加えて次式のように算出する。
　　設計価格＝撤去面積(㎡)×撤去(再使用)の標準市場単価×加算率・補正係数
　　　　　　＋設置面積(㎡)×設置手間＋不足分の設置面積(㎡)×1.02×新品材料費
　　（注１）撤去面積＝設置面積の場合である。
　　（注２）網掛け部分は材料のロス分。

◆参考図

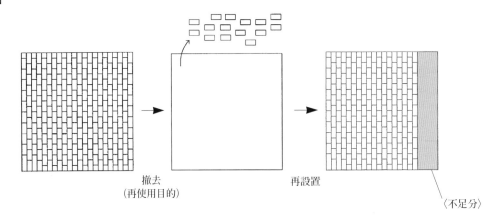

撤去
(再使用目的)

再設置

〈不足分〉

◆写真で見るインターロッキングブロック工の施工手順

◎設置　直線配置

1．敷材料敷均し

2．ブロックの敷設

3．端部切断

4．転圧

5．目地詰め

❖ 用 語 解 説 ❖

インターロッキングブロック（いんたーろっきんぐぶろっく）
　高振動加圧方式で製造した舗装用コンクリートブロックのこと。インターロック（Interlock）は英語で"互いにかみ合わせる"の意で，ブロック相互のかみ合わせ効果により荷重を分散させ，舗装構造として機能する。ブロックの形状や色調，テクスチャー，敷設パターン等によりさまざまな意匠が可能で，歩道や遊歩道，広場などの景観舗装に利用されている。多種多様な製品があるが，標準の市場単価が適用できるのは，特殊品およびオリジナル品を除く，ブロック厚6cm，8cmの標準品を用いる場合のみ。

```
【市場単価の適・不適】
インターロッキングブロック ┬ 標準品・・・○
                         ├ 特殊品・・・△
                         │ （材料費の入れ替えで適用可）
                         └ オリジナル品・・・×
```

オリジナル品（おりじなるひん）
　標準品と形状の異なる各社のオリジナル品。特に扇形など曲線的配置を目的としたもの。市場単価は適用できない。

空練モルタル（からねりもるたる）
　水を加えず，砂とセメントを1：3～1：6で混ぜたもの。インターロッキングブロックの敷材料に使用する場合，材料費は市場単価に含まないが，混練費用および施工費は含まれる。

キャブ（きゃぶ）
　ケーブルボックス（cable box）の略で，地中に埋設されている電力や通信のケーブルを収容するために，道路下に設ける蓋掛式のU形構造物のこと。連続するキャブ部の蓋部にインターロッキングブロックを設置・撤去する場合には，市場単価を適用できない。

曲線配置（きょくせんはいち）
　標準品を円形（半径10m以上で楕円，欠円を含む），波型など曲線的に配置すること。→直線配置

サンドクッション（さんどくっしょん）
　インターロッキングブロックの下地にする砂の層のこと。クッション砂を30～50mmの厚みに敷均し，舗装材の表面の凸凹や路盤の不陸を調整する。また，路盤への荷重を分散させる効果もある。敷砂ともいう。サンドクッションの材料費は市場単価には含まない。

視覚障害者誘導用ブロック（しかくしょうがいしゃゆうどうようぶろっく）
　表面に点状および線状の突起を設け，視覚障害者を安全に誘導するためのブロック。市場単価を適用する場合は「特殊品」となる。→特殊品

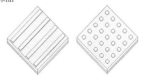

植生インターロッキングブロック（しょくせいいんたーろっきんぐぶろっく）
　ブロックの中央に空洞部を設け，そこに土を詰めて芝などを植えることのできるブロック。市場単価を適用する場合は「特殊品」となる。→特殊品

ショットブラスト仕上げ（しょっとぶらすとしあげ）
　ブロックの表面に無数の細かな砂や鉄球を吹きつけて，小さな凸凹を施し，自然な風合いに仕上げること。市場単価を適用する場合は「特殊品」となる。→特殊品

直線配置（ちょくせんはいち）
　標準品を直線的に配置すること。→曲線配置

透水シート（とうすいしーと）
　サンドクッションと路盤の間に敷設する透水性のあるシートのこと。雨水のみを排出し，クッション砂の流失を防ぐのでサンドクッション層が安定し，不陸の発生を抑える。市場単価には含まないので，必要な場合は材料費を別途計上する。

特殊品（とくしゅひん）
　特殊品とは，
①標準品と同形状で，青色および特殊配合した色のブロック。
②視覚障害者用に表面加工してあるブロック。
③標準品と同形状でショットブラスト仕上げ，洗い出し仕上げ，研出し仕上げ，粉末樹脂，ガラスビーズ，溶射等を行い，表面加工したもの。デザインを施したもの。透水性，植生用，複合（天然石，タイル）のものをいう。標準品と材料費を入れ替えることで市場単価を適用できる。

ハンドホール（はんどほーる）
　地中に埋設されている電力や通信のケーブルの分岐部を収容するため，道路下に設ける蓋掛式のコンクリートボックスのこと。市場単価はハンドホール蓋部にも適用できる。

標準色（ひょうじゅんしょく）
　インターロッキングブロックにおける標準色は，ナチュラル（グレー），黒，白，赤，緑，黄の6色。

目地砂（めじずな）
　敷設したブロック相互のかみ合わせを強めるために，ブロックの目地に掃き込む細めの砂のこと。材料費，施工費共に市場単価に含む。

防護柵設置工（ガードレール）

◆防護柵設置工（ガードレール）とは

　ガードレールは，適度な剛性と靱性を有する波形断面のビームと支柱で構成し，車両衝突時の衝撃に対して，ビームと支柱の変形でエネルギーを吸収する防護柵。

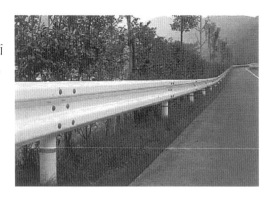

◆市場単価に含む？含まない？

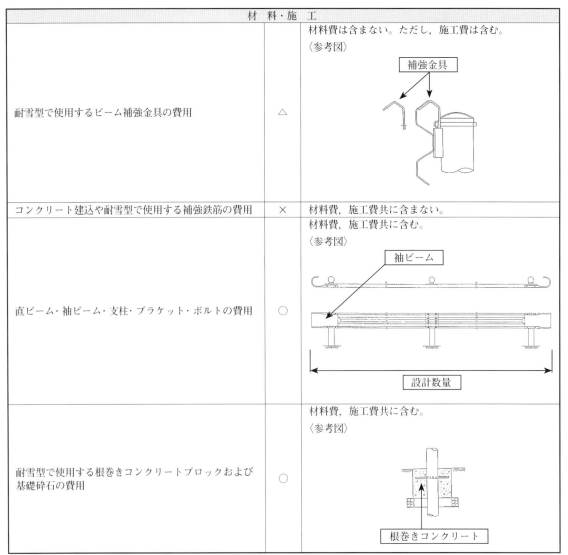

材　料・施　工		
耐雪型で使用するビーム補強金具の費用	△	材料費は含まない。ただし，施工費は含む。 〈参考図〉 補強金具
コンクリート建込や耐雪型で使用する補強鉄筋の費用	×	材料費，施工費共に含まない。
直ビーム・袖ビーム・支柱・ブラケット・ボルトの費用	○	材料費，施工費共に含む。 〈参考図〉 袖ビーム 設計数量
耐雪型で使用する根巻きコンクリートブロックおよび基礎砕石の費用	○	材料費，施工費共に含む。 〈参考図〉 根巻きコンクリート

◆**市場単価に含む？含まない？**

材　料・施　工		
支柱建込箇所が岩盤，舗装盤などの場合の穴あけ費用	×	含まない。
撤去した部材の処分費用	×	含まない。
充填材（ブローンアスファルト，砂）の費用	○	含む。
コンクリート建込の基礎コンクリートの打設手間・型枠手間・材料費	×	材料費，施工費共に含まない。
コンクリート建込の基礎コンクリートの撤去費用	×	材料費，施工費共に含まない。

◆**適用できる？できない？**

材　料・施　工		
事故後の復旧工事（撤去）	×	適用できない。
『防護柵の設置基準・同解説（平成10年11月）』（（公社）日本道路協会発行）に規定されているガードレール以外の製品	×	適用できない。また，『防護柵の設置基準・同解説（平成10年11月）』に規定されている規格でも適用できない規格もある（適用できない例：Gr-SS，SA，SB，SCおよびGr-C-4E2，Gr-C-2B2など。**参考図－1参照**）。
塗装色が「景観に配慮した防護柵の整備ガイドライン（平成16年3月）」に基づく「ダークブラウン」「ダークグレー」「グレーベージュ」の場合	×	塗装色は白色を対象としているため，そのままでは適用できない。材料費を含まない設置手間（機・労）を算出のうえ，景観に配慮した塗装色の製品材料費を加算して適用する。
S種，A種の支柱加工費	×	適用できない。
コンクリート基礎ブロックの設置が必要な場合	×	適用できない。ただし，コンクリート基礎ブロックの材料費・設置手間を別途考慮すれば，適用できる。
支柱蓋がスチール以外（樹脂製など）の場合	×	適用できない。
耐雪型ガードレールにおける根巻きコンクリートがプレキャストコンクリートブロックの場合	○	プレキャストコンクリートブロック，現場打設を問わず適用できる。
標準型ガードレールに根巻きコンクリートを設置する場合	×	適用できない。
耐雪型に曲げ支柱や長い支柱の加算額は適用できるか	○	適用できる。ただし，B種とC種に限る。

◆**Q＆A**

Q	A
旧S種の設置や，歩車道境界用ガードレールの設置には適用できるのか	防護柵設置基準が改訂されたことにより，旧Gr-S種は新型S種に，歩車道境界用はガードパイプにおのおの変更になった。そのため，旧Gr-S種および歩車道境界用ガードレールの設置は，市場単価は適用できない。ただし，撤去は適用できる。
土中建込の価格は，機械打込のみ適用なのか	市場単価は機械打込・人力建込どちらも適用できる。現状，土中建込のほとんどが機械打込で行われており，工事区間の一部に人力建込による施工が必要な場合にはそのまま適用できるとしている。ただし，土砂災害地域等，工事の大半が機械建込による施工が困難な場合，市場単価は適用できない。
事故後の復旧工事（撤去）に適用できないのはなぜか	緊急を要する場合，取引価格が割高になることが多い。そのため市場単価は，緊急時，災害時等の場合は適用できない。
耐雪型ガードレールの設置手間の算出は可能か	通常ガードレールと同様に「材工共-材料費」で算出可能。ただし，設置手間には根巻コンクリートの材料費も含まれるため，現場条件に留意して適用する。

参考図－1

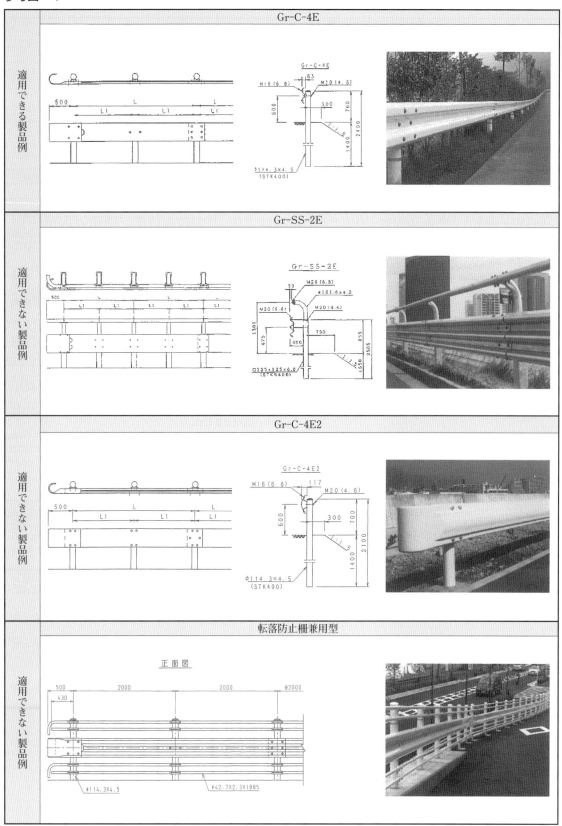

◆記号の読み方

$$Gr-A2-4E-5$$

①形式　②種別　④支柱間隔　⑥構造形式
③積雪ランク　⑤支柱建込方式

①形式
Gr：ガードレール
Gc：ガードケーブル
Gp：ガードパイプ
Gb：ボックスビーム

②種別			
	路側用	分離帯用	歩車道境界用
	C	Cm	Cp
	B	Bm	Bp
	A	Am	Ap
	SC	SCm	SCp
	SB	SBm	SBp
	SA	SAm	—
	SS	SSm	—

③積雪ランク（5年再現積雪深さ）
2：1mを超え2m以下
3：2mを超え3m以下
4：3mを超え4m以下
5：4mを超え5m以下

④支柱間隔
支柱間隔のm数を示す。例では4mの支柱間隔。

⑤支柱建込方式
E：土中建込
B：コンクリート建込

⑥構造形式
2：250mm埋込
3：ベースプレート付
4：250mm埋込，笠木付
5：ベースプレート，笠木付

道路区分	設計速度	一般区間	重大な被害が発生する恐れのある区間	新幹線などと交差または近接する区間
高速道路自動車専用道	80km/h以上	A, Am	SB, SBm	SS
	60km/h以下		SC, SGm	SA
その他の道路	60km/h以上	B, Bm, Bp	A, Am, Ap	SB, SBp
	50km/h以下	C, Cm, Cp	B, Bm, Bp	

◆重複する補正係数の適用について

補正係数が重複する場合は下表に従い，適用する補正係数を選択する。

区　分	記号	S_1	S_2	S_3	K_1	K_2	K_3
施工規模	S_1		—	—	S_1	○	○
	S_2	—		—	S_2	○	○
	S_3	—	—		S_3	○	○
時間的制約	K_1	S_1	S_2	S_3		○	○
夜間作業	K_2	○	○	○	○		○
曲線部	K_3	○	○	○	○	○	

凡例
　○：重複して適用可能。
　―：重複して適用不可（一つのみ選択，重複することがないなど）。
　表中の記号：重複した場合に適用する記号。
　（「本誌の利用にあたって」を参照）

◆直接工事費の算出例

〔例〕施工条件：時間的制約あり　Gr-B-4Eが45m，Gr-C-4Eが80mの場合

💡　施工規模判定に注意

　➡おのおのの規格の数量は標準施工規模（100m以上）を下回るが，2規格とも土中建込であることから合計数量で判定。45＋80＝125m　※建込方式が異なる場合は，合算しない。

項目名称	規格	数量	単位	単価	金額	備考
Gr - B - 4E	土中建込	45	m	Q＝7,070×（1+0/100）×1.1 ＝7,777	349,965	参考値
Gr - C - 4E	土中建込	80	m	Q＝6,130×（1+0/100）×1.1 ＝6,743	539,440	参考値
合　計（直接工事費）					889,405	

Q：補正後の市場単価　Q＝P×（1＋S_0 or S_1 or S_2 or S_3/100）×（K_1×K_2×K_3）
P：標準の市場単価（掲載単価）　　　S_n・加算率　　　K_n：補正係数

◆写真で見る防護柵設置工（ガードレール）の施工手順

◎防護柵設置　標準型　メッキ品・土中建込

1．小運搬

2．支柱建込（土中建込）

3．レール等設置

土木工事市場単価

◆写真で見る防護柵設置工の施工手順

◎部材撤去　レール撤去

１．レール撤去

２．積込・運搬・処分（市場単価には含まない）

❖ 用 語 解 説 ❖

間隔材（かんかくざい）
中央分離帯用で使用されるブラケット。1本の支柱に2枚のビームを取り付けるための部材。

景観に配慮した防護柵の整備ガイドライン
（けいかんにはいりょしたぼうごさくのせいびがいどらいん）
平成16年3月に打ち出された，景観に配慮した防護柵推進検討委員会によるガイドライン。道路の景観に関わる課題として防護柵をとりあげている。それまで防護柵は視線誘導の観点から白色が望ましいとされてきたが，このガイドラインにより「必要以上に目立たない」ことが原則とされている。基本色とされた3色は以下のとおり。

ダークブラウン	マンセル値10YR2.0／1.0程度
ダークグレー	マンセル値10YR3.0／0.2程度
グレーベージュ	マンセル値10YR6.0／1.0程度

コンクリート建込（こんくりーとたてこみ）
連続するコンクリート構造物に支柱を設置する場合をいう。

充填材（じゅうてんざい）
コンクリート建込に用いられる，コンクリート基礎と支柱の隙間を埋める材料。ブロンアスファルトなどが用いられる。市場単価にはこれら材料費と設置費を含む。

袖ビーム（そでびーむ）
ガードレールの端部に使用される曲げ加工を施したビーム。市場単価には材料費・設置費共に含む。

耐雪型（たいせつがた）
積雪地方で使用されるタイプ。標準型より積雪に対する強度があり，積雪量に応じてランク分けされている。

塗装品（とそうひん）
めっき品にリン酸亜鉛処理などの下地処理を行って塗装を施したもの。標準的な亜鉛の付着量はJIS G 3302に示されているZ27の両面付着量275g／㎡以上とされる。塗装品といえば業者間では白色を指していたが，平成16年の基準改定後は取引においても色の確認が必要になった。

土中建込（どちゅうたてこみ）
支柱打込み機あるいは人力で，土中に支柱を設置する場合をいう。どちらの場合も市場単価は適用できる。

ビーム（びーむ）
レールともいう。鋼板を加工して作られたもので，横からみて凹凸の数により，2山，3山等と分類される。市場単価で適用されているのは2山で，3山は高速道路等に使用される。

ビーム補強金具（びーむほきょうかなぐ）
耐雪型ガードレールの場合に，必要に応じてビームを補強する際に用いられる部材。市場単価には，耐雪型ガードレール本体と同時に設置する場合に限り手間のみ含まれ，材料費は含まない。ビーム補強金具単体での設置の場合には適用できない。

ブラケット（ぶらけっと）
ビームを支柱に取り付けるための部材。

防護柵の設置基準・同解説（ぼうごさくのせっちきじゅん・どうかいせつ）
（公社）日本道路協会が発行している，防護柵に関する基準書。平成16年3月，「景観に配慮した防護柵の整備ガイドライン」の策定に伴い改定された。

歩車道境界用（ほしゃどうきょうかいよう）
歩道と車道の境界に設置されるタイプ。道路をはみ出してきた車両から歩行者を守るためのものだが，平成10年改定の『防護柵の設置基準・同解説』により，歩車道境界用ガードレールは削除された。レールの向こう側にいる小さな子供やペットが車両から見えないと危険であるなどの理由から，歩車道境界にはガードパイプを使用することになり，歩車道境界用ガードパイプが市場単価に追加された。

めっき品（めっきひん）
鋼製材料の防錆，防食処理に用いられる溶融亜鉛めっき処理を施された製品をいう。

防護柵設置工(ガードパイプ)

◆防護柵設置工（ガードパイプ）とは

　ガードパイプは，適度な剛性と靱性を有する複数のパイプ形状のビームと支柱で構成され，車両衝突時の衝撃に対してビームと支柱の変形でエネルギーを吸収する防護柵。ガードレールに比べ，展望性に優れ，除雪作業も容易である。

◆市場単価に含む？含まない？

材　料・施　工		
インナースリーブ等付属部材の費用	○	材料費，施工費共に含む。 〈参考図〉 インナースリーブ（SS400） ○○　○　○○
コンクリート建込で使用する補強鉄筋の費用	×	材料費，施工費共に含まない。 〈参考図〉 800 1200 400 補強筋 砂 補強筋 アスファルト又はモルタル
袖ビームの費用	○	材料費，施工費共に含む。 〈参考図〉 袖ビーム 91　L　L L1　L1　L1

材　料・施　工		
支柱建込箇所が岩盤，舗装盤などの場合の穴あけ費用	×	含まない。
撤去した部材の処分費用	×	含まない。
充填材（ブローンアスファルト，砂）の費用	○	含む。
コンクリート建込の基礎コンクリートの打設手間・型枠手間・材料費	×	材料費，施工費共に含まない。
コンクリート建込の基礎コンクリートの撤去費用	×	材料費，施工費共に含まない。

◆適用できる？できない？

施　工		
事故後の復旧工事（撤去）	×	適用できない。
『防護柵の設置基準・同解説（平成10年11月）』（（公社）日本道路協会発行）に規定されているガードパイプ以外の製品	×	適用できない。 また，市場単価で適用できる規格は，『防護柵の設置基準・同解説（平成10年11月）』の標準型であり，そのうちのAp・Bp・Cpおのおのの2E，2Bである（適用できない例：Gp-Ap-2B2　**参考図－1**参照）。
塗装色が「景観に配慮した防護柵の整備ガイドライン（平成16年3月）」に基づく「ダークブラウン」「ダークグレー」「グレーベージュ」の場合	×	塗装色は白色を対象としているため，そのままでは適用できない。材料費を含まない設置手間（機・労）を算出のうえ，景観に配慮した塗装色の製品材料費を加算して適用する。
A種の支柱加工費	×	適用できない。
コンクリート基礎ブロックの設置が必要な場合	×	適用できない。ただし，コンクリート基礎ブロックの材料費・設置手間を別途考慮すれば，適用できる。
支柱蓋がスチール以外（樹脂製など）の場合	×	適用できない。
耐雪型ガードパイプ	×	適用できない。

参考図－1

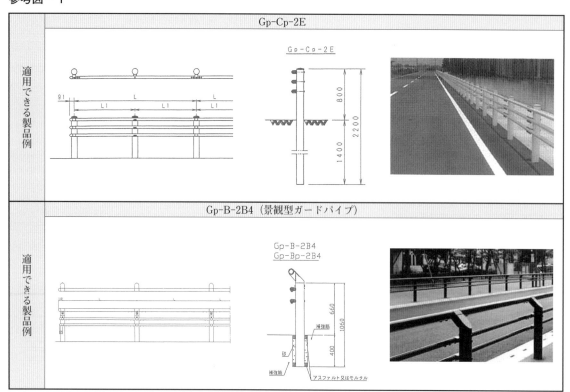

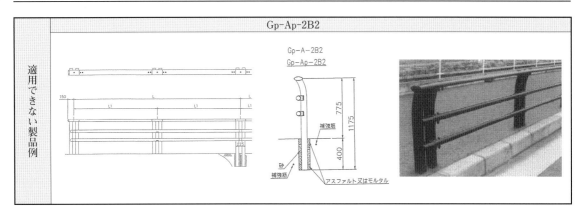

土木工事市場単価

◆Q＆A

Q	A
土中建込の価格は，機械打込のみ適用なのか	市場単価は機械打込・人力建込どちらも適用できる。現状，土中建込のほとんどが機械打込で行われており，工事区間の一部に人力建込による施工が必要な場合にはそのまま適用できるとしている。ただし，土砂災害地域等，工事の大半が機械建込による施工が困難な場合，市場単価は適用できない。
事故後の復旧工事（撤去）に適用できないのはなぜか	緊急を要する場合，取引価格が割高になることが多い。そのため市場単価は，緊急時，災害時等の場合は適用できない。
種別の適用の考え方について	表－1参照。

表－1

種　別		適用する道路の種類	設置適用区間	道路の設計速度	逸脱防止性能 衝突条件A		変形性能 （車両の最大進入工程） 衝突条件A		乗員の安全性能 （車両の受ける加速度） （m/S₂/10ms未満） 衝突条件B	
					衝突速度 (km/h)	衝撃度 (kJ)	土中用	コンクリート用	土中用	コンクリート用
路側用 (注1)	A	一般国道都市内の主要道路主要な地方道その他の道路	重大な被害発生区間（注2）	60 km/h 以上	45	130	1.1 m以下	0.3 m以下	150 (15G)	180 (18G)
	B		一般区間	50 km/h 以下	30	60			90 (9G)	120 (12G)
				60 km/h 以上						
	C			50 km/h 以下	26	45				
歩車道境界用	SBp		新幹線等と交差近接する区間	60 km/h 以上	65	280	0.5 m以下	0.3 m以下	180 (18G)	200 (20G)
	Ap		重大な被害発生区間（注2）	60 km/h 以上	45	130			150 (15G)	180 (18G)
	Bp		一般区間	50 km/h 以下	30	60			90 (9G)	120 (12G)
				60 km/h 以上						
	Cp			50 km/h 以下	26	45				

（注1） 路側用の種別A,B,Cについては市場単価化されていない。
（注2） 一般道路における「重大な被害発生区間」で，「設計速度 40km/h以下」の道路においてはC種（C・Cm・Cp）を使用できる。

衝突条件A（大型車）
(1) 車両総重量時，路面からの重心の高さが1.4mの大型貨物車（25ｔ）による衝撃度。
(2) 衝撃度は種別ごとに応じたものとし，衝撃角度は15度とする。

衝突条件B（乗用車）
(1) 乗用車（1ｔ）による衝突。
(2) 衝撃角度は，20度とし，衝突速度は右記のとおり。

衝突速度	種　別
100km/h	SS・SSm
	SA・SAm
	SB・SBm・SBp
	A・Am・Ap
60 km/h	B・Bm・Bp
	C・Cm・Cp

◆重複する補正係数の適用について

補正係数が重複する場合は下表に従い，適用する補正係数を選択する。

区　分	記　号	S_1	S_2	S_3	K_1	K_2	K_3
施 工 規 模	S_1		—	—	S_1	○	○
	S_2	—		—	S_2	○	○
	S_3	—	—		S_3	○	○
時 間 的 制 約	K_1	S_1	S_2	S_3		○	○
夜 間 作 業	K_2	○	○	○	○		○
曲 線 部	K_3	○	○	○	○	○	

凡例
　○：重複して適用可能。
　—：重複して適用不可（一つのみ選択，重複することがないなど）。
　表中の記号：重複した場合に適用する記号。
（「本誌の利用にあたって」を参照）

◆直接工事費の算出例

〔例〕施工条件：時間的制約あり　Gp-Bp-2Eが45m，Gp-Cp-2Eが80mの場合

💡　施工規模判定に注意

　➡おのおのの規格の数量は標準施工規模（100m以上）を下回るが，2規格とも土中建込であることから，合計数量で判定。45＋80＝125m　※建込方式が異なる場合は，合算しない。

項目名称	規　格	数　量	単　位	単　価	金　額	備　考
Gp-Bp-2E	土中建込	45	m	Q＝11,770×（1＋0/100）×1.1 ＝12,947	582,615	参考値
Gp-Cp-2E	土中建込	80	m	Q＝10,680×（1＋0/100）×1.1 ＝11,748	939,840	参考値
合　計（直接工事費）					1,522,455	

Q：補正後の市場単価　Q＝P×（1＋S_0 or S_1 or S_2 or S_3/100）×（K_1×K_2×K_3）
P：標準の市場単価（掲載単価）　　　　S_n：加算率　　　K_n：補正係数

◆写真で見る防護柵設置工（ガードパイプ）の施工手順

◎防護柵設置　土中建込（支柱間隔2m）

1．支柱建込（土中建込）

支柱打込箇所へ，モンケン（支
柱打ち込み機械）を使用して支
柱を打ち込む。

※写真のように支柱建込箇所がア
スファルト舗装の場合，舗装版の
削孔と復旧の作業が必要になる
が，市場単価には含まないので，
別途計上する必要がある。

2．パイプ等設置（ブラケット取付）

支柱にブラケット（パイプ取付
金具）を取り付ける。4mのビー
ムパイプを使用する場合，継手
ブラケット（パイプ接合部用の
取付金具）と，中間ブラケット
（パイプ接続のない中間部用の
取付金具）を，2mおきに交互
に配置する。

継手ブラケット

中間ブラケット

3．パイプ等設置（ビームパイプ取付）

ブラケットにパイプを取り付け
る。パイプ接合部にはインナー
スリーブ（継手パイプ）を挿入
する。

※写真の施工事例は景観色のガードパイプである。市場単価の適用には材料費の補正が必要となるため注意のこと。

❖ 用 語 解 説 ❖

景観型ガードパイプ（けいかんがたがーどぱいぷ）
　現在のところ「景観型ガードパイプ」という単語には受発注間に共通の定義が確立されていない。大きく二つに分類すれば，一般品（ここでいう一般品とは土木施工単価掲載規格品）の色だけが景観色の製品と，一般品とは形状そのものが異なる製品類に分類でき，いずれも一般品とは価格が異なる。

景観に配慮した防護柵の整備ガイドライン
（けいかんにはいりょしたぼうごさくのせいびがいどらいん）
　平成16年3月に打ち出された，景観に配慮した防護柵推進検討委員会によるガイドライン。道路の景観に関わる課題として防護柵をとりあげている。それまで防護柵は視線誘導の観点から白色が望ましいとされてきたが，このガイドラインにより「必要以上に目立たない」ことが原則とされている。基本色とされた3色は以下のとおり。

ダークブラウン	マンセル値10YR2.0／1.0程度
ダークグレー	マンセル値10YR3.0／0.2程度
グレーベージュ	マンセル値10YR6.0／1.0程度

コンクリート建込（こんくりーとたてこみ）
　連続するコンクリート構造物に支柱を設置する場合をいう。

袖ビーム（そでびーむ）
　ビームパイプの端末に設置するパイプ。歩行者に危険がないように先端が丸くなっている。市場単価には材料費・設置費共に含む。

耐雪型（たいせつがた）
　積雪地方で使用されるタイプ。標準型より積雪に対する強度がある。市場単価は適用外。

土中建込（どちゅうたてこみ）
　支柱打込み機あるいは人力で，土中に支柱を設置する場合をいう。どちらの場合も市場単価は適用できる。

ブラケット（ぶらけっと）
　ビームパイプを支柱に取り付けるための部材。

防護柵の設置基準・同解説（ぼうごさくのせっちきじゅん・どうかいせつ）
　（公社）日本道路協会が発行している，防護柵に関する基準書。平成16年3月，「景観に配慮した防護柵の整備ガイドライン」の策定に伴い改定された。

歩車道境界用（ほしゃどうきょうかいよう）
　歩道と車道の境界に設置されるタイプ。道路をはみ出してきた車両から歩行者を守るためのもの。市場単価はガードパイプのうち歩車道境界用に適用され，路側用は適用不可。従来，歩車道にもガードレールが使用されてきたが，車両からレールの向こう側にいる小さな子供やペットが見えないと危険であるため，平成10年基準からガードパイプを使用することが標準とされ，歩車道境界用ガードレールは削除された。

ボルト・ナット（ぼると・なっと）
　ガードパイプの歩車道境界用に使用されるボルトは，歩行者に危険がないように丸く加工されている。ガードパイプの設置にはボルトが多く使用されるため，ガードレールの設置手間より割高になる要因となっている。

路側用（ろそくよう）
　車道または歩道と，道路以外の土地との境界に設置されるタイプ。道路を逸脱した車両が崖下や水田等に落下しないために設置される。市場単価は歩車道境界用のみであり，現在，路側用は適用外となっている。

防護柵設置工（横断・転落防止柵）

◆防護柵設置工（横断・転落防止柵）とは

　横断・転落防止柵は，歩行者等が路外または車道に転落するのを防止することや，横断禁止区間などで歩行者等が車道をみだりに横断するのを防止することを目的とした防護柵。製品は，各防護柵メーカーで多種にわたり販売されている。

◆市場単価に含む？含まない？

材　料		
防護柵本体材料の費用	×	横断・転落防止柵の種類は多種多様にわたるため，市場単価は材料費を含まない設置手間のみの単価。
コンクリート建込の充填材の費用	○	材料費，施工費共に含む。
プレキャストコンクリートブロックの費用	○	材料費，施工費（ブロック本体材料および基礎砕石）共に含む。ただし，プレキャストコンクリートブロックは，100 kg／個以上の場合適用できない。 参考図 プレキャストコンクリートブロック
アンカーボルト固定のアンカーボルトの費用	○	材料費（アンカーボルト），施工費共に含む。

施　工		
支柱建込箇所が岩盤，舗装盤などの場合の穴あけ費用	×	含まない。
撤去した部材の処分費用	×	含まない。
コンクリート建込の基礎コンクリートの打設手間・型枠手間・材料費	×	材料費，施工費共に含まない。
コンクリート建込の基礎コンクリートの撤去費用	×	材料費，施工費共に含まない。

◆適用できる？できない？

材　料・施　工		
事故後の復旧工事（撤去）	×	適用できない。
『防護柵の設置基準・同解説（平成10年11月）』（（公社）日本道路協会発行）に規定されている種別P以外の製品	×	適用できない。 なお，『防護柵の設置基準・同解説（平成10年11月）』で規定されているSP種も適用できない。
プレキャストコンクリートブロック建込の根入れ深さが変わっても適用可能か	○	適用できる。ただし，プレキャストコンクリートブロックは100kg未満とする。
高さが126cmより高くなっても適用可能か	×	市場単価は，柵高70cm以上125cm以下を対象としており，それ以外は適用できない。
根巻きコンクリートがプレキャストコンクリートブロックの場合	○	プレキャストコンクリートブロック，現場打設を問わず適用できる。
プレキャストコンクリートブロック建込で門型の横断防止柵を車止めとして設置する場合	×	門型を1基ずつ離して設置する場合，ブロック個数が大きく異なるため適用できない。
アンカーボルト固定のアンカーボルトにステンレス製やケミカルアンカーを使用する場合	×	適用できない。

◆Q&A

Q	A
横断防止柵と転落防止柵の違いは	横断防止柵設置の主目的が，歩行者等が車道をみだりに横断しないようにすることであるため，その柵高は一般的に70〜80cm程度である。また，転落防止柵は設置の主目的が，歩行者が路外や車道に転落しないようにするためであるため，その柵高は一般的に110cm程度である。
土中建込の価格は，機械打込のみ適用なのか	土中建込の価格は，機械打込・人力建込ともに適用できる。
ビーム型，パネル型，門型はどういったものか	**参考図－1**参照。
事故後の復旧工事（撤去）に適用できないのはなぜか	緊急を要する場合，取引価格が割高になることが多い。そのため市場単価は，緊急時，災害時等の場合は適用できない。
P種とSP種の違いは	各々に求められる設計強度が異なる。設計強度は**表－1**のとおり。また，構造形式も異なり，組立手順，手間も異なる。
横断・転落防止柵と公共用ネットフェンスとの主な違いは	ネットフェンス：用途：施設への立入防止 　　　　　　　　標準支柱間隔：2m 　　　　　　　　標準柵高：800〜3500mm程度 　　　　　　　　標準建込：コンクリートブロック建込 　　　　　　　　標準形状：金網 横断防止柵：用途：道路の横断抑止 　　　　　　標準支柱間隔：3m 　　　　　　柵高：800mm 　　　　　　標準建込：土中建込 　　　　　　標準形状：3段ビーム・縦格子パネル 転落防止柵：用途：道路外への転落防止 　　　　　　標準支柱間隔：3m 　　　　　　柵高：1100mm 　　　　　　標準建込：土中建込 　　　　　　標準形状：4段ビーム・縦格子パネル

参考図－1

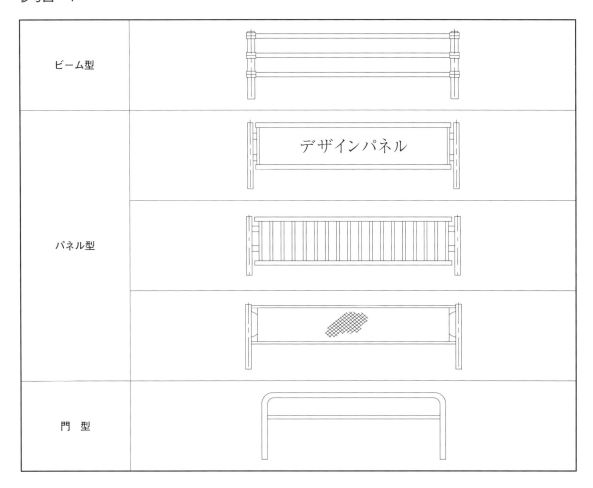

ビーム型	
パネル型	デザインパネル
門 型	

表－1

種 別	設 計 強 度		設計目的	備 考
P	垂直荷重　　590N/m（ 60kgf/m）以上 水平荷重　　390N/m（ 40kgf/m）以上		横断防止 転落防止	荷重は防護柵の最上部に作用するものとする。このとき，種別Pにあっては部材の耐力を許容限度として設計することができる。
SP	垂直荷重　　980N/m（100kgf/m）以上 水平荷重　2,500N/m（250kgf/m）以上		転落防止	

表－2

記 号	建 込 方 法	埋め込み深さ（mm）	
		横断防止柵 （H=800）	転落防止柵 （H=1100）
W	コンクリート建込（連続基礎）	200	200
C	プレキャストコンクリートブロック建込（独立基礎）	400	450
E	土中建込	1,000	1,200

◆重複する補正係数の適用について

補正係数が重複する場合は下表に従い，適用する補正係数を選択する。

区　分		記　号	S_1	S_2	K_1	K_2	K_3	K_4	K_5
施 工 規 模		S_1		—	S_1	○	○	○	○
		S_2	—		S_2	○	○	○	○
時 間 的 制 約		K_1	S_1	S_2		○	○	○	○
夜 間 作 業		K_2	○	○	○		○	○	○
支柱間隔1ｍ		K_3	○	○	○	○		—	—
支柱間隔1.5ｍ		K_4	○	○	○	○	—		—
支柱間隔2ｍ		K_5	○	○	○	○	—	—	

凡例

　○：重複して適用可能。

　－：重複して適用不可（一つのみ選択，重複することがないなど）。

　表中の記号：重複した場合に適用する記号。

　（「本誌の利用にあたって」を参照）

◆直接工事費の算出例

〔例1〕 施工条件：土中建込80ｍで時間的制約を受ける支柱間隔1ｍの場合

💡　施工規模判定に注意

➡施工規模が100ｍ未満であるため，施工規模加算が必要となる。そのことにより，時間的制約の割増は必要なくなる。

項目名称	規　格	数　量	単　位	単　価	金　額	備　考
設置	土中建込	80	m	$Q=1,220 \times (1+25/100) \times 2.90$ $=4,422$	353,760	参考値
合　計（直接工事費）					353,760	

Q：補正後の市場単価　$Q=P \times (1+S_0 \text{ or } S_1 \text{ or } S_2/100) \times (K_1 \times K_2) \times (K_3 \text{ or } K_4 \text{ or } K_5)$

P：標準の市場単価（掲載単価）　　　　S_n：加算率　　　　K_n：補正係数

〔例2〕 施工条件：土中建込が55ｍ，コンクリート建込が80ｍの場合

💡　施工規模判定に注意

➡合計数量が標準施工規模（100ｍ以上）となるが，建込方式が異なるため，それぞれの施工規模加算率（$S_{1\sim2}$）を適用する。

項目名称	規　格	数　量	単　位	単　価	金　額	備　考
設置	土中建込	55	m	$Q=1,220 \times (1+25/100) \times 1.0$ $=1,525$	83,875	参考値
	コンクリート建込	80	m	$Q=860 \times (1+35/100) \times 1.0$ $=1,161$	92,880	参考値
合　計（直接工事費）					176,755	

Q：補正後の市場単価　$Q=P \times (1+S_0 \text{ or } S_1 \text{ or } S_2/100) \times (K_1 \times K_2) \times (K_3 \text{ or } K_4 \text{ or } K_5)$

P：標準の市場単価（掲載単価）　　　　S_n：加算率　　　　K_n：補正係数

◆写真で見る防護柵設置工（横断・転落防止柵）の施工手順

◎防護柵設置　コンクリート建込（転落防止柵・パネル式）支柱間隔３ｍ

１．支柱建込（コンクリート建込）

　３ｍ間隔で支柱を建込み，充填材を入れて固定する。

　※支柱建込箇所のコンクリートの穴あけ費用は，市場単価に含まない。

２．パネルの設置

　支柱にパネル（写真は転落防止柵の縦格子型）を取り付ける。

❖ 用 語 解 説 ❖

SP種（えすぴーしゅ）
　防護柵設置基準における強度区分（33頁の**表－1**参照）の種別。P種である横断・転落防止柵に対し，一般に高欄と呼ばれている。主として橋梁に使用される種別である。笠木レールなど，P種に比べ構成部材が異なるため，市場単価は適用外。

ガードパイプ（がーどぱいぷ）
　横断・転落防止柵をガードパイプというケースが多いが，国土交通省土木積算基準や防護柵設置基準では，ガードパイプと横断・転落防止柵は別の工種・種別としているので注意が必要。

笠木（かさぎ）
　SP種や一部のP種のトップレール。アルミ製の柵に使用されることが多い。P種であっても笠木のあるタイプは割高で取引されることが多いため注意が必要。

コンクリート建込（こんくりーとたてこみ）
　連続するコンクリート構造物に支柱を設置する場合をいう。

縦格子型（たてこうしがた）
　格子状のパネルタイプ。ビーム型に比べ，ビームとビームの間隔が小さいので安全とされているが，その分ビーム型より材料費は割高となる。市場単価では「ビーム・パネル型」の価格を適用する。

土中建込（どちゅうたてこみ）
　支柱打込み機あるいは人力で，土中に支柱を設置する場合をいう。どちらの場合も市場単価は適用できる。

パネル型（ぱねるがた）
　縦格子パネルやデザインパネルを指す。デザインパネルは自治体ごとに多種多様な製品がある。

P種（ぴーしゅ）
　防護柵設置基準における強度区分（33頁の**表－1**参照）の種別。ガードパイプと混同しないよう，横断・転落防止柵そのものを「P種」と呼ぶことが多い。

ビーム型（びーむがた）
　横断防止柵は3段ビーム，転落防止柵は4段ビームが標準。フロントビーム型とセンタービーム型がある。

プレキャストコンクリートブロック建込（ぷれきゃすとこんくりーとぶろっくたてこみ）
　土中を掘削し，プレキャストコンクリートブロックを設置し，支柱の基礎とする場合をいう。土中建込より支柱の埋め込み深さは短く，コンクリート建込より長い。市場単価にはブロックと基礎砕石の材料費および設置手間を含む。

防護柵設置工（落石防護柵）

◆**防護柵設置工（落石防護柵）とは**

　落石防護柵は，落石の発生しやすい斜面の最下部または中段に設置し，落石を阻止する比較的小規模な落石対策。市場単価では標準型落石防護柵および耐雪型落石防護柵に対応している。

◆**市場単価に含む？含まない？**

	材　料・施　工	
落石防護擁壁およびコンクリート基礎にかかわる費用	×	材料費，施工費共に含まない。 （図：端末支柱，間隔保持材，中間支柱，擁壁部，端末支柱（サポート））
間隔保持材の費用	○	材料費，施工費共にロープ・金網設置の価格に含む。間隔保持材は，上図参照。
索端金具およびボルトの費用	○	材料費，施工費共に端末支柱設置の価格に含む。 （図：両ネジボルト(SS490)，六角鋼(SS400)，ピン(AC-2A)，ソケット(STKM)）

◆適用できる？できない？

材　料・施　工		
耐雪型落石防護柵の場合	○	適用できる。支柱間隔3.0m，2.0mを問わない。 支柱間隔3.0m 支柱間隔2.0m
落雪（せり出し）防護柵の場合	×	適用できない。
人力施工の場合	○	適用できる。機械施工，人力施工を問わない。
柵高が1.5m未満および4mを超える場合	×	適用できない。耐雪型のロープ・金網設置工（上弦材付）では柵高が3mを超える場合は適用できない。
耐雪型で上弦材なしの場合	×	適用できない。
高エネルギー吸収柵の場合	×	適用できない。

土木工事市場単価

材　料・施　工		
撤去の場合	○	適用できる。補正係数で算出。ただし，落石防護擁壁（コンクリート擁壁）の撤去は含まない。
H鋼のステーの場合	×	適用できない。ステーロープはφ18　3×7G/Oを標準とする。
曲支柱の場合	○	適用できる。加算額（掲載単価）で算出。
支柱の塗装仕様が現場塗装の場合	×	適用できない。
支柱の塗装仕様がメッキ＋焼付塗装の場合	○	適用できる。補正係数で算出。
間隔保持材なしの場合	○	適用できる。補正係数で算出。その際の柵高とロープ本数は，**表－1**参照。
金網の表面仕様が厚メッキの場合	○	適用できる。補正係数で算出。支柱は標準が厚メッキ加工になっているため，補正の必要がない。
移設，ロープ・金網のみの交換	×	適用できない。市場単価では索端金具の材料および設置手間が端末支柱に含まれているため。

表－1

規　格・仕　様	
柵高1.55m	ロープ本数　　5本
柵高2.00m	ロープ本数　　6本
柵高2.50m	ロープ本数　　8本
柵高3.00m	ロープ本数　　9本
柵高3.50m	ロープ本数　11本
柵高4.00m	ロープ本数　13本

◆Q & A

Q	A
支柱間隔2mでも適用可能か	適用できる。
資材の持ち上げ範囲が10mを超える場合	資材の持ち上げ範囲は10m以下とし，それを超える場合は別途とする。
間隔保持材は必要なのか	『落石対策便覧　平成29年12月』（（公社）日本道路協会発行）で，間隔保持材は「落石がワイヤロープを押し開き金網を突破するという現象を阻止することもできる」とされている。
耐雪型の補助中間支柱および上弦材の費用は	ロープ，金網設置（上弦材付）に含まれる。
中間支柱，端末支柱の規格は	中間支柱柵高1.5m：H－200×100×5.5×　8－2350 　　〃　　2.0m：H－200×100×5.5×　8－2850 　　〃　　2.5m：H－200×100×5.5×　8－3350 　　〃　　3.0m：H－200×100×5.5×　8－3850 　　〃　　3.5m：H－200×100×5.5×　8－4350 　　〃　　4.0m：H－200×200×8　×12－5000 端末支柱柵高1.5m：H－150×150×7　×10－2350 　　〃　　2.0m：H－175×175×7.5×11－2850 　　〃　　2.5m：H－200×200×8　×12－3350 　　〃　　3.0m：H－200×200×8　×12－3850 　　〃　　3.5m：H－200×200×8　×12－4350 　　〃　　4.0m：H－200×200×8　×12－5000

◆重複する補正係数の適用について

補正係数が重複する場合は下表に従い，適用する補正係数を選択する。

区　分	記号	S_1	K_1	K_2	K_3	K_4	K_5	K_6
施　工　規　模	S_1		S_1	○	○	○	○	○
時　間　的　制　約	K_1	S_1		○	○	○	○	○
夜　間　作　業	K_2	○	○		○	○	○	○
支柱メッキ＋焼付塗装の場合	K_3	○	○	○		○	○	K_6
間隔保持材なしの場合	K_4	○	○	○	○		○	K_6
厚　メ　ッ　キ	K_5	○	○	○	○	○		K_6
撤　　　　去	K_6	○	○	○	K_6	K_6	K_6	

凡例

　　○：重複して適用可能。

　　－：重複して適用不可（一つのみ選択，重複することがないなど）。

　　表中の記号：重複した場合に適用する記号。

（「本誌の利用にあたって」を参照）

◆直接工事費の算出例

〔例〕施工条件：時間的制約あり　標準型落石防護柵

　　　　　　　　ロープ・金網設置工（厚メッキ，間隔保持材なし）14m，

　　　　　　　中間支柱3本（柵高2.0m，曲支柱），

　　　　　　　端末支柱2本の場合

💡　施工規模判定に注意

　　➡ロープ・金網設置延長が15m未満であることから，時間的制約による割増は適用されない。

項目名称	規　格	数　量	単　位	単　価	金　額	備　考
ロープ・金網設置	メッキ 3.2mm	14	m	Q＝10,100×（1＋10/100）×1.05×0.90 ＝10,498	146,972	参考値
中間支柱設置	柵高2.0m 曲支柱	3	本	22,300＋3,150＝25,450	76,350	参考値
端末支柱設置	柵高2.0m	2	本	109,000	218,000	参考値
合　計（直接工事費）					441,322	

Q：補正後の市場単価　Q＝P×（1＋S_0 or S_1/100）×（K_1×K_2×…K_6）

P：標準の市場単価（掲載単価）　　　Sn：加算率　　　Kn：補正係数

土木工事市場単価

◆施工図

1．支柱建込

2．ロープ・金網設置工（間隔保持材付）

❖ 用 語 解 説 ❖

間隔保持材（かんかくほじざい）
　落石がロープを押し広げるのを防ぎ，全ての
ロープが有効に働くようにするためのもの。U
ボルトでロープと金網を固定する。

索端金具（さくたんかなぐ）
　ロープの両端を端末支柱と固定する金具。

上弦材（じょうげんざい）
　耐雪型落石防護柵の支柱と支柱の間に使用され
る最上部の補強金具。

ステーロープ（すてーろーぷ）
　中間支柱と岩盤用アンカーを支えるロープ。市
場単価ではアンカーの設置を含めた材工共で掲
載している。

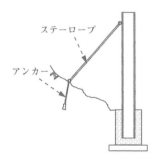

端末支柱（たんまつしちゅう）
　落石防護柵の端末に設置する支柱。サポートを
含めて「本当たり」で取引されている。

中間支柱（ちゅうかんしちゅう）
　端末支柱と端末支柱の間に設置する支柱。標準
型では3m間隔で設置する。

排土口（はいどこう）
　一連の設置延長が相当程度を超す場合に設置さ
れ，落石を取り除く際の出入り口として使用さ
れる。市場単価は排土口の有無にかかわらず適
用できる。

曲支柱（まげしちゅう・きょくしちゅう）
　傾斜部と柵が近い場合に，落石が柵を越えて道
路に出ないように支柱を曲げたもの。工場で加
工されたものが納品されるため，市場単価の加
算額はメーカーから供給される材料費の加算額
である。

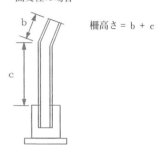

Uボルト（ゆーぼると）
　中間支柱や間隔保持材とロープの接続に使用す
るボルト。市場単価ではロープ・金網設置に含
まれる。

ロープ（ろーぷ）
　金網とともに落石の衝撃を受け止める。ケーブ
ル，ワイヤロープともいうが，市場単価ではロー
プと表現している。

防護柵設置工（落石防止網）

◆防護柵設置工（落石防止網）とは

　落石防止網は，鋼製ロープと鋼製網で構成されており，法面上に発生した落石を安全に法じりに導く工法である。

　覆式は，法面を覆うことで法面上の浮石を押さえ，落石を防止する。ポケット式は，施工部上部がポケットのように開口しているため，施工部上端より高所に発生した落石にも対応でき，使用部材が少ないため経済的である。市場単価はどちらの方式にも対応している（ただし，ポケット式のうち支柱が埋込式およびミニポケット式（支柱据置式）には適用できない）。

覆式

ポケット式

土木工事市場単価

◆市場単価に含む？含まない？

	材　料・施　工	
クリップ等の付属部材の費用	○	材料費，施工費共に金網・ロープ設置に含む。下図の他，ターンバックルも含む。また，金網の重ね，端部切断等のロスも含む。 〈参考図〉 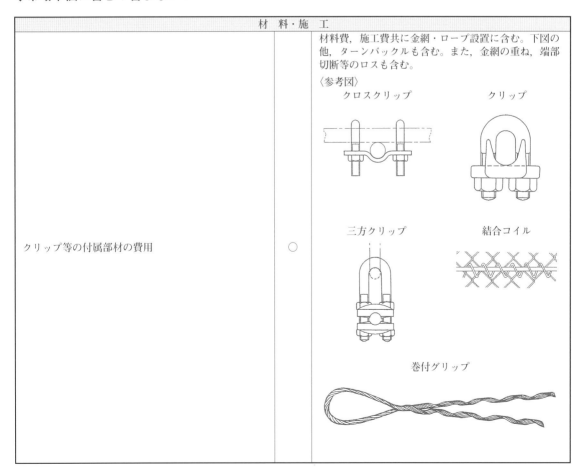 クロスクリップ　クリップ　三方クリップ　結合コイル　巻付グリップ

材　料・施　工		
岩盤用アンカーの充填材の費用	○	アンカー設置（岩盤用）の価格に含む。
岩盤用支柱設置用アンカーの費用	○	材料費，施工費共にポケット式支柱設置（アンカー固定式）の価格に含む。 ポケット式支柱 アンカー

◆適用できる？できない？

材　料・施　工		
金網の表面仕様が厚メッキ（Z-GS7）の場合	○	適用できる。補正係数で算出。金網の表面仕様が亜鉛メッキカラー（C-GS3, 4），厚メッキカラー（C-GS7），合成樹脂被覆（E-GH3, 4）の場合も補正係数で算出。
土中用支柱設置用アンカーの場合	○	適用できる。補正係数で算出。
資材持ち上げ高さが45ｍを超える場合	×	適用できない。
支柱が埋込式の場合	×	適用できない。ただし，金網・ロープ設置およびアンカー設置は適用できる。
支柱がミニポケット式（支柱据置式）の場合	×	適用できない。金網・ロープ設置も適用できない。
支柱の表面仕様がメッキ＋焼付塗装の場合	×	適用できない。
落石防止網（繊維網）設置工の場合	×	適用できない。
アンカーおよび支柱の設置がコンクリートの基礎による場合	×	適用できない。ただし，その場合でも，当該規格以外は適用できる。（①金網・ロープ設置は適用できる。②支柱のみコンクリート基礎で，アンカーはコンクリート基礎ではない場合，アンカーのみ適用できる。③アンカーのみコンクリート基礎で，支柱はコンクリート基礎でない場合，支柱のみ適用できる。）
撤去の場合	×	適用できない。
簡易ケーブルクレーンを使用する場合	○	適用できる。ただし，簡易ケーブルクレーンの設置・撤去に要する費用は含まない。
ロープ伏工および密着型安定ネット工の場合	×	適用できない。

土木工事市場単価

◆Q&A

Q	A
アンカーの詳細について	**参考図－1**参照。
金網部のワイヤーの径はどの程度の太さか	流通している製品は，φ8～18mm。金網の径によりロープの径も自ずと決まることから，特にロープの太さは問わない。
支柱間隔は	標準的な支柱間隔は，ポケット式の場合，横3m，縦アンカーは5m。覆式の場合，横4m縦10m。
ポケット式支柱の表面仕様は	工場メッキ仕上げ，または現場塗装仕上げ（メッキなし）。
ポケット式支柱の規格は	H＝2.0m：H－100×100×6×8－1950 H＝2.5m：H－100×100×6×8－2450 H＝3.0m：H－100×100×6×8－2950 H＝3.5m：H－100×100×6×8－3450 H＝4.0m：H－100×100×6×8－3950
金網の表面仕様補正（亜鉛メッキカラー，厚メッキ，厚メッキカラー，合成樹脂被覆）の対象範囲は	金網のみを対象とする。ロープやクリップ，結合コイルなどの付属品は亜鉛メッキ仕様とする。

参考図－1

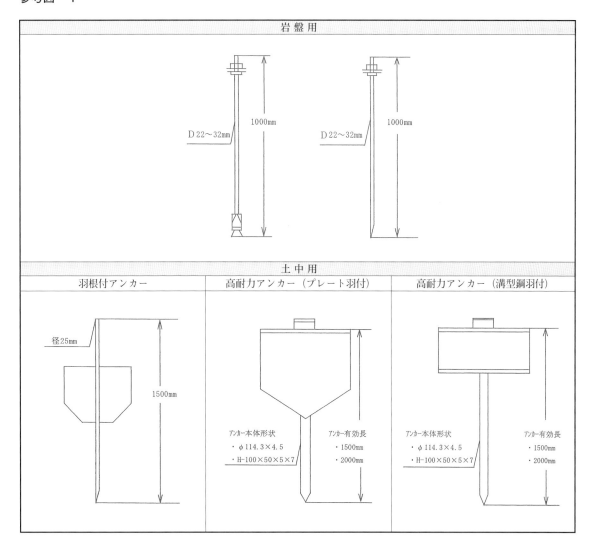

岩盤用

D 22～32mm　1000mm

D 22～32mm　1000mm

土中用

羽根付アンカー	高耐力アンカー（プレート羽付）	高耐力アンカー（溝型鋼羽付）

径25mm　1500mm

アンカー本体形状
・φ114.3×4.5
・H－100×50×5×7

アンカー有効長
・1500mm
・2000mm

アンカー本体形状
・φ114.3×4.5
・H－100×50×5×7

アンカー有効長
・1500mm
・2000mm

◆重複する補正係数の適用について

補正係数が重複する場合は下表に従い，適用する補正係数を選択する。

区　分	記号	S_1	K_1	K_2	K_3	K_4	K_5	K_6	K_7
施　工　規　模	S_1		S_1	○	○	○	○	○	○
時　間　的　制　約	K_1	S_1		○	○	○	○	○	○
夜　間　作　業	K_2	○	○		○	○	○	○	○
金網仕様 亜鉛メッキカラー	K_3	○	○	○		―	―	―	○
金網仕様 厚メッキ	K_4	○	○	○	―		―	―	○
金網仕様 厚メッキカラー	K_5	○	○	○	―	―		―	○
金網仕様 合成樹脂被覆	K_6	○	○	○	―	―	―		○
支柱設置用アンカー 土中用	K_7	○	○	○	○	○	○	○	

凡例
　○：重複して適用可能。
　―：重複して適用不可（一つのみ選択，重複することがないなど）。
　表中の記号：重複した場合に適用する記号。
（「本誌の利用にあたって」を参照。）

◆直接工事費の算出例

〔例〕施工条件：時間的制約あり
　　　　　　　金網設置面積450㎡，金網仕様厚メッキ線径3.2mm
　　　　　　　岩盤用アンカーD25mm80箇所，土中用高耐力アンカー（プレート羽付）2,000mm20箇所，
　　　　　　　支柱設置H＝3.0mアンカー15本中5本が土中用の場合

💡　施工規模判定に注意

　➡金網設置面積が500㎡未満であることから，時間的制約による割増は適用されない。

項目名称	規　格	数　量	単　位	単　価	金　額	備　考
金網・ ロープ設置	厚メッキ 3.2mm	450	㎡	$Q＝4,070×(1＋10/100)×1.05$ $＝4,700$	2,115,000	参考値
アンカー設置	岩盤用 D25mm	80	箇所	$Q＝15,100×(1＋10/100)$ $＝16,610$	1,328,800	参考値
	土中用高耐力 アンカー(プレート羽付)2,000mm	20	箇所	$Q＝50,100×(1＋10/100)$ $＝55,110$	1,102,200	参考値
支柱設置	岩盤用 H＝3.0	10	箇所	$Q＝68,900×(1＋10/100)$ $＝75,790$	757,900	参考値
	土中用 H＝3.0	5	箇所	$Q＝68,900×(1＋10/100)×1.05$ $＝79,579$	397,895	参考値
合　計（直接工事費）					5,701,795	

Q：補正後の市場単価　　$Q＝P×(1＋S_0 \text{ or } S_1/100)×(K_1×K_2×\cdots K_7)$
P：標準の市場単価（掲載単価）　　　　Sn：加算率　　　　Kn：補正係数

◆岩盤用アンカー設置状況

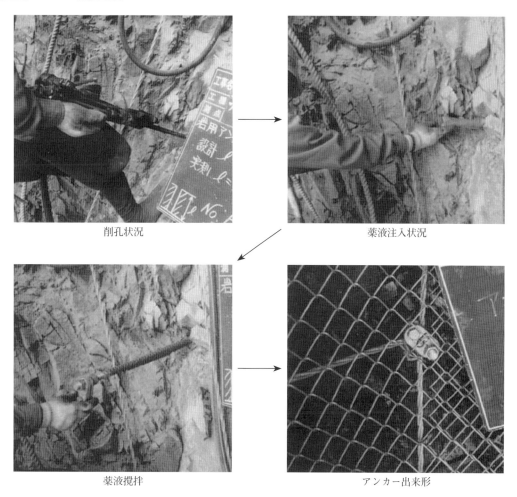

削孔状況

薬液注入状況

薬液撹拌

アンカー出来形

◆土中用アンカー設置状況

◆金網・ロープ設置状況

◆巻付グリップ施工状況

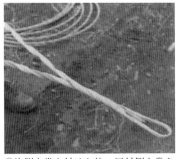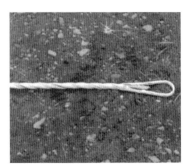

①アイ部の色別標示マークより2～5cm突出させて、片側を巻く。

②片側を巻き付けた後、反対側を巻き付ける。

③巻き付け完了。

土木工事市場単価

❖ 用 語 解 説 ❖

クロスクリップ（くろすくりっぷ）

縦ロープ，横ロープが交差する箇所に使用するクリップ。市場単価に含まれている。

結合コイル（けつごうこいる）

ワイヤロープと金網を結合させるために用いるらせん状のメッキワイヤ。

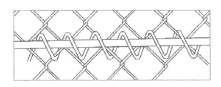

高耐力アンカー（プレート羽付）（こうたいりょくあんかー（ぷれーとはねつき））

羽根付アンカーと比較し，大型で堅固な部材を使用しているため，大きな耐力が得られる。

高耐力アンカー（溝型鋼羽付）（こうたいりょくあんかー（みぞがたこうはねつき））

溝型鋼の中に栗石等を設置し，埋め戻しをする。プレート羽根付よりも大きな耐力が得られる。

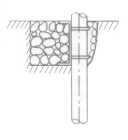

三方クリップ（さんぽうくりっぷ）

ワイヤロープをＴ字に接続する箇所に使用するクリップ。市場単価に含まれている。

ターンバックル（たーんばっくる）

ポケット式で使用する支柱つりロープと，最上段横ロープの緊張をとるために使用する部材。市場単価に含まれている。

羽根付アンカー（はねつきあんかー）

土中用アンカーで，φ25 長さ1,500 の棒鋼に鉄板を取り付けたもの。

ヒンジ式（ひんじしき）

支柱の設置にアンカーを用い，支柱の建込角度を任意に取れる支柱の建込方法。市場単価で適用できるのはこのタイプ。この他に，埋込式およびミニポケット式があり，この両方式は市場単価には適用できない。

覆式（ふくしき）

ワイヤロープと金網で構成された鋼製落石防止網で，法面を完全に覆うため，法面上の浮石を押さえ，落石防止にも役立つ。

ポケット式（ぽけっとしき）

施工部上端を，ポケットの口のように開口させることで，施工部上端より高所に発生した落石にも対応できる落石防止網。

巻付グリップ（まきつけぐりっぷ）

ロープ端部の巻付け処理に用いる部材。ワイヤクリップの金具を使用しないため突起がなく，作業条件の相違による影響が少ない。市場単価に含まれている。

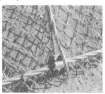

密着型安定ネット工（みっちゃくがたあんていねっとこう）

柔軟性に富んだ強度の高い特殊金網を法面に密着して張り，点在する浮石を押え込む工法。市場単価は適用できない。

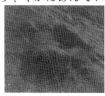

ミニポケット式（みにぽけっとしき）

覆式の落石防止網の上部に三脚式のミニ支柱を使って開口部を設ける工法。ポケット式と同様な効果が期待できる。市場単価は適用できない。

ロープ伏工（ろーぷふせこう）

金網を使用せず，柔軟性に富んだ強度の高いワイヤロープを法面に密着して張ることで，ある程度の大きな浮石の転落を防止し，斜面を安定させる工法。市場単価は適用できない。

道 路 標 識 設 置 工

◆道路標識設置工とは

　道路標識は「道路標識，区画線及び道路標示に関する命令（昭和35年12月17日総理府，建設省令第3号）」により設置するもので，道路構造を保全し，道路交通の安全と円滑を図る上で不可欠な道路付属物であり，道路利用者に対して，案内，警戒，規制または指示の情報を伝達する機能を有している。道路標識工事は，これら案内，警戒標識等を設置するための工事である。

◆市場単価に含む？含まない？

材　料・施　工		
警戒・規制・指示・路線番号標識の材料費	×	含まない。
標識柱（片持式・門型式）の材料費	×	含まない。
標識基礎設置（片持式・門型式）におけるアンカーボルトの材料費	×	含まない。加算額として計上。
基礎設置（路側式・片持式・門型式）に伴う一般養生の費用	○	含む。
基礎設置（路側式・片持式・門型式）に伴う特殊養生，雪寒仮囲いのための費用	×	含まない。
基礎設置（路側式・片持式・門型式）に伴う舗装版破砕および撤去，土留工，舗装・街渠復旧および残土の運搬，処分費用	×	含まない。ただし，残土の仮置き，積込み費用は含む。
基礎設置および撤去（路側式・片持式・門型式）に伴う基礎杭関連工事の費用	×	含まない。
基礎撤去（路側式・片持式・門型式）に伴うコンクリート廃材の運搬費，処分費	×	含まない。ただし，廃材の仮置き，積込み費用は含む。
歩道橋における添架式標識板取付金具設置の材料費	×	含まない。
案内標識板設置のクランプ型ブラケットの材料費	×	含まない。なお，設置費用は，「標識板設置　案内標識【材工共】」に含む。
撤去した標識柱，標識板（添架式は取付金具含む）の積込み費用，運搬費，処分費	×	含まない。ただし，仮置き費用は含む。

◆適用できる？できない？

施　工・材　料　等		
内部照明式の道路標識板の場合	×	適用できない。
道路反射鏡を設置する場合	×	適用できない。
コンクリート以外の基礎の場合	×	適用できない。
道路照明柱の設置，撤去の場合	×	適用できない。
標識板の部分補修工事（アルミ平板による重ね貼り，シール貼りなど）の場合	×	適用できない。
白色・景観色（標準3色）・メッキ以外の路側式標識柱の場合	×	適用できない。
岩盤地盤での基礎工事の場合	×	適用できない。
道路管理者以外が行う工事の場合	×	適用できない。

◆Q & A

Q	A
標識板設置　警戒・規制・指示・路線番号標識【手間のみ】は，板の枚数が２枚（補助板含む）になったとき２倍にするのか	手間はあくまで１基当たりとして考えるので，枚数は関係なくそのまま適用できる。
案内標識板設置において金具類等の部材はどこまで含むか	案内標識板設置においては，溶接型ブラケットを標準としており，含まれる金具類等の部材は(1)アルミＴアングル(2)リブ取付金具とする。
基礎設置(路側式・片持式・門型式)のコンクリート打設時における型枠の有無	問わない。
門型式の基礎設置における「規格・仕様」の判断は，「左右合算の数量」か，それとも「左右別々の数量」か	左右別々の数量で，それぞれあてはまる数量の「規格・仕様」を選び計上する。

◆**重複する補正係数の適用について**

　補正係数が重複する場合は下表に従い，適用する補正係数を選択する。

〔例〕S_1とK_1が重複する場合，S_1のみを適用とする。

区　　分	記　号	S_1	S_2	K_1	K_2	K_3	K_4	K_5
施　工　規　模	S_1		－	S_1	○	－	－	○
	S_2	－		S_2	○	－	－	○
時　間　的　制　約	K_1	S_1	S_2		○	○	○	○
夜　間　作　業	K_2	○	○	○		○	○	○
障　　害　　物	K_3	－	－	○	○		○	○
門型式標識柱の基礎	K_4	－	－	○	○	○		－
景観色塗装柱	K_5	○	○	○	○	○	－	

　凡例
　　○：重複して適用可能。
　　－：重複して適用不可（一つのみ選択，重複することがないなど）。
　　表中の記号：重複した場合に適用する記号。
　　（「本誌の利用にあたって」を参照）

52／道路標識設置工

◆直接工事費の算出例

〔例1〕施工条件：施工規模加算あり，時間的制約，夜間作業なし

項目名称	規 格	数量	単位	単 価	金 額	備 考
道路標識設置工	標識柱・基礎設置 路側式【材工共】単柱式メッキ品 φ60.5	4	基	Q＝30,000×(1＋25/100)×(1.0)＝37,500	150,000	参考値
	標識板設置（警戒・規制・指示・路線番号標識）【手間のみ】	4	基	Q＝3,000×(1＋15/100)×(1.0)＝3,450	13,800	参考値
合 計（直接工事費）					163,800	

Q：補正後の市場単価　Q＝P×(1＋S₀ or S₁ or S₂/100)×(K₁×K₂×…×K₅)
P：標準の市場単価（掲載単価）　　　Sn：加算率　　　Kn：補正係数

〔例2〕施工条件：施工規模加算なし，時間的制約を受ける，夜間作業あり

💡　各規格ごとの補正係数の適用に注意

➡ 適用される補正係数は，各規格ごとで数値が異なる。

項目名称	規 格	数量	単位	単 価	金 額	備 考
道路標識設置工	標識柱設置 片持式【手間のみ】標識柱1基当たり400kg以上	3	基	Q＝25,000×(1＋0/100)×(1.1×1.35)＝37,125	111,375	参考値
	標識基礎設置【材工共】標識柱1基当たり4.0㎡以上6.0㎡未満	5.0㎡が3基	㎡	Q＝75,000×(1＋0/100)×(1.05×1.25)＝98,437	1,476,555	参考値
	標識板設置 案内標識【材工共】カプセルプリズム2.0㎡以上	6.0㎡が3基	㎡	Q＝74,000×(1＋0/100)×(1.0×1.05)＝77,700	1,398,600	参考値
合 計（直接工事費）					2,986,530	

Q：補正後の市場単価　Q＝P×(1＋S₀ or S₁ or S₂/100)×(K₁×K₂×…×K₅)
P：標準の市場単価（掲載単価）　　　Sn：加算率　　　Kn：補正係数

◆写真で見る道路標識設置工の施工手順

◎標識柱・基礎設置（路側式）

1．床掘り

2．基礎砕石

3．型枠設置・建柱・コンクリート打設

◆写真で見る道路標識設置工の施工手順

◎標識板設置（路線番号標識）

◎標識板設置（案内標識）

◎標識基礎設置（片持式）

1．床掘り

2．基礎砕石

3．型枠・鉄筋

4．アンカーボルト設置・コンクリート打設

5．埋め戻し

❖ 用 語 解 説 ❖

片持式（かたもちしき）
標識柱の形式の一つ。道路標識を広幅員の道路において道路利用者から見やすいよう，道路左側の路端から，車道の上方に張り出させて標示板を設置する標識柱。型式はF型，逆L型，テーパーポール型などがあり，市場単価はいずれも適用可能。

F型標識柱設置状況

カプセルプリズム型（かぷせるぷりずむがた），
封入プリズム型（ふうにゅうぷりずむがた）
標識板の反射シートの名称。反射素子にガラスビーズを使用しないため，溶解してもガラス起因の物質（ケイ素，重金属等）が発生せず，標示板の廃棄時に，反射シートごと鉄屑として回収できる。

カプセルレンズ型（かぷせるれんずがた）
標識板の反射シートの名称。シートとシートの間に設けた空気層の中にガラスビーズを露出させ

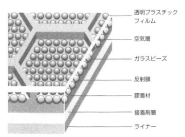

てプラスチックで覆う構造。封入レンズと比較し，耐久年数は約2倍，反射性能は約4～8倍。

- 透明プラスチックフィルム
- 空気層
- ガラスビーズ
- 反射膜
- 膠着材
- 接着剤層
- ライナー

杭基礎方式（くいきそほうしき）
基礎にコンクリートを用いず，H形鋼等を用いて標識柱を建柱する方式。市場単価は適用できない。

広角プリズム型（こうかくぷりずむがた）
標識板の反射シートの名称。特殊なプリズム構造を持つキューブコーナーレンズが

- 透明プラスチックフィルム
- キューブコーナー
- 膠着材
- 接着剤層
- ライナー

反射素子で，カプセルレンズ型と比較し，3倍以上の反射輝度を有する。

添架式（てんがしき）
標識板を他の目的で設置された施設に設置する方式。信号機，照明柱，横断歩道橋等の施設に取付金具を用いて表示板を固定する。市場単価は，「添架式標識板取付金具設置」を適用する。

内部照明式道路標識板（ないぶしょうめいしきどうろひょうしきばん）
鋼板製箱枠内に蛍光灯等の照明装置を内蔵し，発光させることで視認性を確保する標識板。市場単価は適用できない。

封入レンズ型（ふうにゅうれんずがた）
標識板の反射シートの名称。文字どおりガラスビーズをプラスチックに封入した構造。

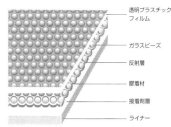

- 透明プラスチックフィルム
- ガラスビーズ
- 反射層
- 膠着材
- 接着剤層
- ライナー

複柱式（ふくちゅうしき）
φ60.5～φ101.6mmの標識柱に標識板を設置する方式。市場単価は，掘削→柱建柱→コンクリート打設，埋戻しの一連作業の材工共単価。

補強金具（ほきょうかなぐ）
案内標識板の基板は，使用する柱の種類ならびに板の大きさおよび厚さに応じて，また柱への取り付け方を考慮して，補強のため加工を施している。この補強に使用する金具を補強金具，取り付けに用いる金具を取付金具という。

道 路 付 属 物 設 置 工

◆道路付属物設置工とは

　道路付属物とは道路上に設置される交通規制や道路保護等を主目的とした施設で，市場単価では道路線形等を明示し運転者の視線誘導を行う"視線誘導標"や"道路鋲"を対象としている。また，所有者または管理者が異なる土地の境界線上に設置するための"境界杭"や"境界鋲"も対象としている。

◆適用できる？できない？

視 線 誘 導 標			
材　料	景観配慮型製品（注）の場合	×	そのままでは適用できない。材料費を含まない設置手間（機・労）を算出のうえ，景観配慮型製品の材料費を加算して適用する。
	支柱の材質がアルミ製の場合	×	適用できない。鋼管や樹脂および同等品が対象。
	反射体の材質がポリカーボネート樹脂および同等品以外の場合	×	適用できない。
	スノーポール併用型で挿入式や単柱式，かぶせ式の場合	×	適用できない。伸縮する２段式が対象。
	反射体が２つまたは３つ並んでついている製品の場合	×	適用できない。二眼視線誘導標，三眼視線誘導標は対象外。
	自発光タイプや電気によって発光反射する製品の場合	×	適用できない。

（注）景観配慮型製品…景観に配慮した防護柵の整備ガイドラインに指定される基本３色（ダークブラウン，グレーベージュ，ダークグレー）の他，地域での指定色も含む。

【適用できる視線誘導標・参考様式】

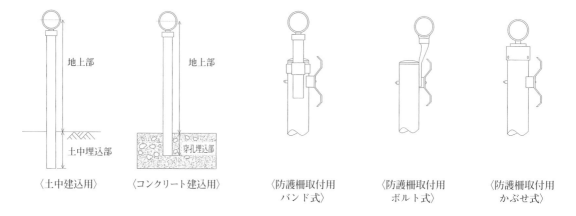

〈土中建込用〉　　〈コンクリート建込用〉　　〈防護柵取付用バンド式〉　　〈防護柵取付用ボルト式〉　　〈防護柵取付用かぶせ式〉

土木工事市場単価

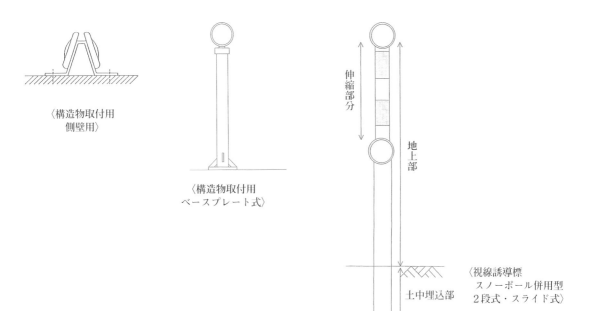

〈構造物取付用
側壁用〉

〈構造物取付用
ベースプレート式〉

伸縮部分

地上部

〈視線誘導標
スノーポール併用型
2段式・スライド式〉

土中埋込部

【適用できない視線誘導標・参考様式】

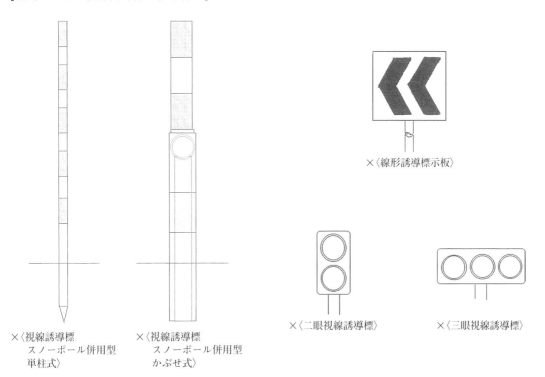

×〈視線誘導標
スノーポール併用型
単柱式〉

×〈視線誘導標
スノーポール併用型
かぶせ式〉

×〈線形誘導標示板〉

×〈二眼視線誘導標〉

×〈三眼視線誘導標〉

道 路 鋲			
材 料	自発光タイプや電気によって発光反射する製品の場合	×	適用できない。
	交差点に設置する道路鋲の場合	×	適用できない。中央分離帯や路側に設置するものが対象。
	埋込型で，路面との段差がほとんどない製品の場合	×	適用できない。
	積雪期には路面下に収納可能な可変型の製品の場合	×	適用できない。

【適用できる道路鋲・参考様式】　　　　　　　【適用できない道路鋲・参考様式】

〈道路鋲　穿孔式〉

〈道路鋲　貼付式〉

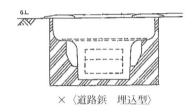

×〈道路鋲　埋込型〉

境 界 杭			
材 料	材質が木や樹脂の場合	×	適用できない。コンクリート製が対象。
	根巻き基礎と杭が一体化した製品の場合	○	根巻き基礎なしの価格を適用する。

境 界 鋲			
材 料	材質が樹脂の場合	×	適用できない。金属製が対象。
	貼付式の場合	×	適用できない。

◆Q & A

	Q	A
視 線誘 導 標	反射体の設置高さはどのくらいか	地上高さ900mmが標準である。スノーポール併用型は1,800mm程度が標準である。
	スノーポール併用型の反射体数は何の数か	取り付け個数。
	加算額の視線誘導標（防塵型）とは何か	反射体にプロペラが付き，付着する塵埃を払い除く視線誘導標である。 市場単価では，この型の製品を使用する場合は加算額を適用する。
	加算額の視線誘導標（さや管）とは何か	視線誘導標建込用の管である。市場単価では，さや管を使用する場合は加算額を適用する。
	基礎コンクリート建込をする場合はどの建込タイプが適用できるのか	土中建込用を適用する。 ただし，基礎ブロックの材料費または現場打ちコンクリートの材料費・打設手間を別途計上する。
道路鋲	設置幅とはどの幅か	本体寸法ではなく，道路上に設置した場合の幅である。
全 般	撤去の際の発生材の運搬，処理費の扱いは	市場単価には含まない。

【加算額：視線誘導標（防塵型）】
　加算額は反射体1面当たりのプロペラ分の単価であるため，両面型を使用する場合は加算額を2倍する。

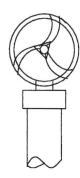

【加算額：視線誘導標（さや管）】
　視線誘導標の建込用の管

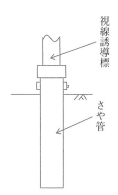

視線誘導標

さや管

【道路鋲：設置幅】

W＝設置幅
道路鋲本体の寸法ではない。

W

◆重複する補正係数の適用について

　補正係数が重複する場合は下表に従い，適用する補正係数を選択する。

区　分	記　号	S_1	S_2	K_1	K_2
施 工 規 模	S_1		－	S_1	○
	S_2	－		S_2	○
時 間 的 制 約	K_1	S_1	S_2		○
夜 間 作 業	K_2	○	○	○	

凡例
　○：重複して適用可能。
　－：重複して適用不可（一つのみ選択，重複することがないなど）。
　表中の記号：重複した場合に適用する記号。
　（「本誌の利用にあたって」を参照）

◆直接工事費の算出例

〔例〕 施工条件：時間的制約あり，視線誘導標防塵型使用

💡 施工規模の判定 　➡建込方法（土中建込，コンクリート建込）が異なっても同じ工種であるため，合計数量で施工規模を判定する。20本＋10本＝30本になるため施工規模加算率（S₁）は適用しない。
（注）スノーポール併用型も同様の判定。

💡 補正係数の判定 　➡施工規模加算率（S₁）と時間的制約を受ける場合の補正係数（K₁）は重複適用できないが，この場合は，（S₁）が適用されないので，（K₁）を適用する。

💡 加算額 　➡市場単価の視線誘導標（防塵型）設置の場合の加算額は，1面当たりの単価。よって両面の場合はその数量に注意する。この場合，両面反射は，反射体20個×2面/個＝40面となり，片面反射は，反射体10個×1面/個＝10面となる。

💡 直接工事費の算出 　➡加算額は標準の市場単価に直接加算しない。
直接工事費＝（補正後の市場単価×設計数量）＋（加算額×使用数量）

項目名称	規　格	数　量	単　位	単　価	金　額	備　考
視　線誘導標	土中建込用 両面反射　反射体　径φ100以下 支柱径φ60.5	20	本	$Q=7,000×(1+0/100)×1.10$ $=7,700$	154,000	参考値
視　線誘導標	コンクリート建込用(穿孔含まない) 片面反射　反射体 径φ300	10	本	$Q=9,380×(1+0/100)×1.10$ $=10,318$	103,180	参考値
				小計	257,180	
視　線誘導標	加算額　防塵型　両面反射 反射体　径φ100以下	40	面	1,000	40,000	参考値
視　線誘導標	加算額　防塵型　片面反射 反射体 径φ300	10	面	4,400	44,000	参考値
				小計	84,000	
合　計（直接工事費）					341,180	

Q：補正後の市場単価　　$Q=P×(1+S_0 \text{ or } S_1 \text{ or } S_2/100)×(K_1×K_2)$
P：標準の市場単価（掲載単価）　　　　Sn：加算率　　　　Kn：補正係数

◆写真で見る道路付属物設置工の施工手順

◎車線分離標設置　可変式・1本脚

1．穿孔

2．充填・設置

2．充填・設置

3．完了

❖ 用 語 解 説 ❖

交差点鋲（こうさてんびょう）
　交差点に設置する道路鋲。自発光式のタイプが多く，市場単価は適用できない。市場単価は，中央分離帯や路側に設置する道路鋲を対象としている。

構造物取付用　ベースプレート式（こうぞうぶつとりつけよう　べーすぷれーとしき）
　視線誘導標の支柱の下端部にベースプレート加工を施し，構造物にアンカーボルトで固定する。市場単価には，穿孔費用，アンカーボルトの材料費および設置費用も含む。

さや管（さやかん）
　脱着式の視線誘導標に使用される管。市場単価では，加算額で適用できる。

充填材（じゅうてんざい）
　既設コンクリートに穴をあけ，支柱を建て込む場合にその隙間を埋めるために使用する材料。主に使用されているのは現場練りモルタル。

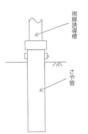
視線誘導標／さや管

スノーポール併用型（すのーぽーるへいようがた）
　スノーポールの機能も併せ持つ視線誘導標。市場単価で適用できる製品は2段式・スライド式で，単柱式，かぶせ式は適用できない。

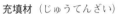
○2段式・スライド式　　×単柱式　　×かぶせ式

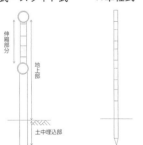
伸縮部分／地上部／土中埋込部

設置幅（せっちはば）
　道路鋲を設置する時の幅。道路鋲本体の幅ではない。

w

貼付式（はりつけしき）
　接着剤を使用し，設置面に直接設置する方式。歩車道境界ブロック等に穴をあけずに施工できるため，穿孔式よりも安価である。

二眼視線誘導標（にがんしせんゆうどうひょう）
　反射体が，上下もしくは左右に二つ付いている視線誘導標。高速道路で多く見られる。市場単価は適用できない。

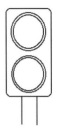

根巻き基礎（ねまききそ）
　積雪地に多く見られるコンクリート基礎のこと。除雪作業時等における荷重に耐えるために特別に施されている。北海道地区で多く見られる根巻き基礎一体型は，根巻き基礎なしの価格を適用する。

　　○根巻き基礎　　　　　○根巻き基礎一体型

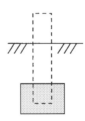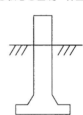

防護柵取付用　ボルト式（ぼうごさくとりつけよう　ぼるとしき）
　視線誘導標をガードレール等の支柱にボルトで固定する方式。

防護柵取付用　かぶせ式（ぼうごさくとりつけよう　かぶせしき）
　視線誘導標をガードレール等の支柱にかぶせて固定する方式。

　　ボルト式　　　　　　かぶせ式

防塵型　プロペラ型（ぼうじんがた　ぷろぺらがた）
　反射体にプロペラが付き，付着した塵を払い除く視線誘導標。市場単価では，加算額で適用できる。

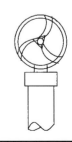

法　面　工

◆法面工とは

　法面の侵食や風化，崩壊を防止するために行う法面保護工のうち，市場単価ではモルタル吹付工，コンクリート吹付工，機械播種施工による植生工（植生基材吹付工，客土吹付工，種子散布工），人力による植生工（植生マット工，植生シート工，植生筋工，筋芝工，張芝工），ネット張工（繊維ネット工）を対象としている。

◆市場単価に含む？含まない？

モルタル・コンクリート吹付工			
材　料	ラス張工のスペーサーの費用	○	スペーサー使用の有無は問わない。
施　工	特殊養生，雪寒仮囲い，溶接金網，補強鉄筋の費用	×	含まない。
	法面整形工，法面清掃で発生する残土の処分費	×	含まない。ただし，法面清掃で発生する残土の積込・運搬費は含む。
	水抜きパイプの費用	○	水抜きパイプ使用の有無は問わない。
	目地の費用	○	目地の有無は問わない。

種　子　散　布　工			
材　料	顔料の費用	○	顔料使用の有無は問わない。
施　工	法面整形工，法面清掃で発生する残土の処分費	×	含まない。ただし，法面清掃で発生する残土の積込・運搬費は含む。
	吹付後の散水養生の費用	×	含まない。
	繊維ネット張工の費用	×	含まない。必要な場合は「繊維ネット工」を併用する。

客　土　吹　付　工			
施　工	法面整形工，法面清掃で発生する残土の処分費	×	含まない。ただし，法面清掃で発生する残土の積込・運搬費は含む。
	吹付後の散水養生の費用	×	含まない。
	ラス張工の費用	×	含まない。ただし，必要な場合は「吹付枠工」の「ラス張工」を補正係数(K_2)で補正した単価を加算する。
	繊維ネット張工の費用	×	含まない。必要な場合は「繊維ネット工」を併用する。

植　生　基　材　吹　付　工			
材　料	ラス張工のスペーサーの費用	○	スペーサー使用の有無は問わない。
施　工	法面整形工，法面清掃で発生する残土の処分費	×	含まない。ただし，法面清掃で発生する残土の積込・運搬費は含む。
	吹付後の散水養生の費用	×	含まない。

植　生　マ　ッ　ト　工			
材　料	必要資材（アンカーピン，止め釘等）の費用	○	含む。
施　工	法面整形工，法面清掃で発生する残土の処分費	×	含まない。ただし，法面清掃で発生する残土の積込・運搬費は含む。

植　生　シ　ー　ト　工			
材　料	必要資材（止め釘等）の費用	○	含む。
施　工	法面整形工，法面清掃で発生する残土の処分費	×	含まない。ただし，法面清掃で発生する残土の積込・運搬費は含む。

土木工事市場単価

植生筋工，筋芝工			
材　料	土羽土の費用	×	含まない。
	必要資材（耳芝，肥料等）の費用	○	耳芝，肥料等の有無は問わない。
施　工	設置後の散水養生の費用	×	含まない。
	本体盛土の費用	×	含まない。

張芝工			
材　料	必要資材（耳芝，芝串，肥料等）の費用	○	耳芝，芝串，肥料等の有無は問わない。
施　工	設置後の散水養生の費用	×	含まない。
	かけ土作業の費用	△	含む。ただし，北海道のみ含まない。

ネット張工（繊維ネット工）			
材　料	必要資材（アンカーピン，止め釘等）の費用	○	含む。
	種子の費用	×	含まない。

◆適用できる？できない？

材　料			
モルタル吹付工 コンクリート吹付工	特殊セメントを使用する場合	×	適用できない。
	高炉セメントを使用する場合	○	適用できる。
植生基材吹付工 客土吹付工 種子散布工 植生マット工 植生シート工	花系種子や主体種子以外の種子を主体として使用する場合	×	適用できない。
植生マット工 植生シート工 繊維ネット工	肥料袋がパイプ状でない場合 肥料袋の間隔が40〜50cm以外の場合 肥料袋付きなのにネットが一重の場合 植生基材封入タイプの場合	×	適用できない。詳細は次項の**Q＆A**参照。
	肥料袋がないのにネットが二重の場合	×	適用できない。
	ネットの材質が金属繊維の場合	×	適用できない。

施　工			
平面部	モルタル吹付工，コンクリート吹付工，植生基材吹付工，客土吹付工の平面部への施工の場合	×	平面部のみの施工は適用できない。ただし法面に一部平面部（小段等）が含まれる場合は適用できる。
	種子散布工，張芝工の平面部への施工の場合	○	一部含まれる平面部だけでなく，全部が平面の場合でも適用できる。
法面垂直高さ	法面垂直高が標準垂直高さを超える場合	×	適用できない。ただし，植生基材吹付工は標準高さ45mを超える場合でも80mまでは補正係数で適用できる。
施工基面	施工基面から下面への施工の場合	○	適用できる。植生基材吹付工の場合，垂直高超補正係数（K_2）は適用しない。
オーバーハング	モルタル吹付工，コンクリート吹付工のオーバーハングでの施工の場合	×	適用できない。
公園工事，道路植栽工事	植生筋工，筋芝工，張芝工を公園工事や道路植栽工事で施工する場合	×	適用できない。
張芝工	目地張，千鳥張，市松張などの部分張り施工の場合	×	適用できない。全面張のみ適用できる。
切土法面	植生筋工，筋芝工を切土法面に施工する場合	×	適用できない。盛土法面のみ適用できる。さらに土羽厚は30cmが標準。
枠内施工	客土吹付工，種子散布工や植生マット工，植生シート工，繊維ネット工を枠内施工する場合	×	適用できない。枠内吹付の補正係数（K_3）は，モルタル吹付工，コンクリート吹付工，植生基材吹付工のみ適用できる。

◆Q & A

Q	A
枠内吹付の補正係数の意味は	主に，法面清掃，ラス・アンカーピンの設置を含まないことによる補正である。
植生マット工，植生シート工，繊維ネット工の違いは	植生マット工，シート工は種子を含み単独で緑化可能である。一方，繊維ネット工は種子を含まず単独で緑化はできず，植生工と併用され，市場単価では種子散布工，客土吹付工との併用が可能。
植生マット工，植生シート工の違いは	市場単価では，肥料袋付きでネットが二重のものを植生マット工，肥料袋無しでネットが一重のものを植生シート工としている。
肥料袋とは何か	植生マットなどに一定の間隔で装着されている肥料の入った袋。市場単価ではパイプ状で装着間隔を40～50cmとしている。
植生シート工の標準品と環境品とは何か	環境品は再生紙等を使用し腐食する製品や間伐材を使用するリサイクル型の製品である。標準品とは主に従来型で，樹脂ネットに種子や肥料などを綿で装着した製品である。
ラスとは何か	ひし形金網である。
土羽とは何か	盛土の法面のことである。植生筋工や筋芝工は土羽土の費用は市場単価に含まないがその築立の費用は含む。
芝串とは何か	張芝を固定する竹串などである。目串ともいう。

【参考図】

植生シート工（標準品）

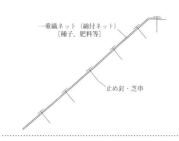

植生シート工（環境品）

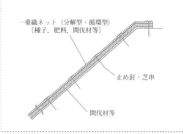

植生マット工

繊維ネット工（肥料袋あり）

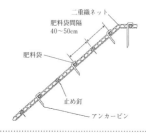

繊維ネット工（肥料袋なし）

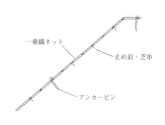

植生筋工／筋芝工

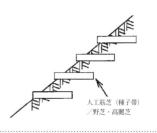

張芝工

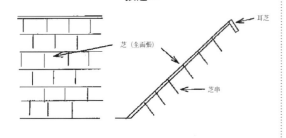

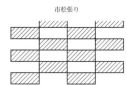

◆重複する補正係数の適用について

補正係数が重複する場合は下表に従い，適用する補正係数を選択する。

区　分	記号	S_1	S_2	S_3	S_4	K_1	K_2	K_3
施　工　規　模	S_1		－	－	－	S_1	○	○
	S_2	－		－	－	S_2	○	○
	S_3	－	－		－	S_3	○	○
	S_4	－	－	－		S_4	○	○
時　間　的　制　約	K_1	S_1	S_2	S_3	S_4		○	○
垂　直　高　さ	K_2	○	○	○	○	○		○
枠　内　吹　付	K_3	○	○	○	○	○	○	

凡例

○：重複して適用可能。

－：重複して適用不可（一つのみ選択，重複することがないなど）。

表中の記号：重複した場合に適用する記号。

（「本誌の利用にあたって」を参照）

◆直接工事費の算出例

〔例1〕施工条件：時間的制約あり　法面垂直高さ45m以下

💡　施工規模判定に注意

➡おのおのの吹付工の数量は標準施工規模（1,000㎡以上）を下回るが，全て同種（植生基材吹付工）のため合計数量で判定。このケースでは800＋500＋500＝1,800㎡で，施工規模加算率（$S_{1～4}$）は適用しない。時間的制約を受ける場合の補正係数（K_1）のみ適用する。

項目名称	規　格	数　量	単　位	単　　価	金　額	備　考
植生基材吹付工	厚5cm	800	㎡	Q＝5,200×（1＋0/100）×1.05 ＝5,460	4,368,000	参考値
	厚3cm	500	㎡	Q＝4,150×（1＋0/100）×1.05 ＝4,357	2,178,500	参考値
枠内吹付工	植生基材吹付工厚5cm	500	㎡	Q＝5,200×（1＋0/100）×1.05×0.8 ＝4,368	2,184,000	参考値
			合　計（直接工事費）		8,730,500	

Q：補正後の市場単価　Q＝P×（1＋S_0 or S_1 or S_2 or S_3 or S_4 /100）×（K_1×K_2×K_3）

P：標準の市場単価（掲載単価）　　　S_n：加算率　　　K_n：補正係数

〔例2〕施工条件：法面垂直高さ25m以下

💡　施工規模判定に注意

➡繊維ネット工を植生工（客土吹付工または種子散布工）と併用する場合，植生工の数量で判定する。このケースでは，繊維ネット工は800㎡であるが，客土吹付工1,100㎡と併用されるので，施工規模は1,100㎡で判定する。よって加算率は適用しない。

項目名称	規　格	数　量	単　位	単　　価	金　額	備　考
客土吹付工	厚3cm	1,100	㎡	Q＝2,150×（1＋0/100） ＝2,150	2,365,000	参考値
繊維ネット工	肥料袋無	800	㎡	Q＝740×（1＋0/100） ＝740	592,000	参考値
			合　計（直接工事費）		2,957,000	

Q：補正後の市場単価　Q＝P×（1＋S_0 or S_1 or S_2 or S_3 or S_4 /100）×（K_1×K_2×K_3）

P：標準の市場単価（掲載単価）　　　S_n：加算率　　　K_n：補正係数

土木工事市場単価

◆間違えやすい加算率や補正係数の対象数量の判定

区　　分		記　号	モルタル吹付工	コンクリート吹付工	機械播種施工による植生工		
					植生基材吹付工	客土吹付工	種子散布工
加算率	施工規模	$S_0 \sim S_4$	○○%	○○%	○○%	○○%	○○%
補正係数	垂直高さ超	K_2	—	—	○.○○	—	—
補正係数	枠内吹付	K_3	○.○○	○.○○	○.○○	—	—

区　　分		記　号	人力施工による植生工				ネット張工
			植生マット工植生シート工	植生筋工	筋芝工	張芝工	繊維ネット工
加算率	施工規模	$S_0 \sim S_3$	○○%	○○%	○○%	○○%	○○%
補正係数	時間的制約	K_1	○.○○	○.○○	○.○○	○.○○	○.○○

◇加算率（施工規模）

- 工種ごと（上表の区切りごと）に１工事の全体数量で判定する。前述の**直接工事費の算出例〔例１〕**のように厚みが異なっていても同じ工種であればその合計数量で判定する。
- 枠内吹付工と全面吹付工を併用する場合⇒同種の吹付ごとの合計数量で判定
- 繊維ネット工と植生工を併用する場合（客土吹付工または種子散布工）⇒植生工の数量で判定
- 植生筋工，筋芝工の場合⇒芝の面積でなく対象法面の面積で判定

$$植生筋工，筋芝工の設計数量(㎡)＝法長(a)×法幅(b)$$

◇補正係数（植生基材吹付工において法面垂直高さを超える場合）

対象となる施工数量(標準垂直高さを超えた面積(B))のみに適用する。
ただし，施工基面から下面への施工は補正しない。

《施工基面から上面への施工の場合》

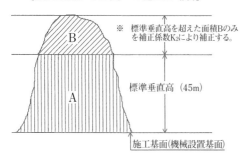

《施工基面から下面への施工の場合》

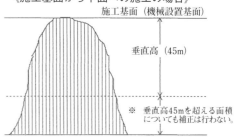

✦ 用 語 解 説 ✦

アンカーピン（あんかーぴん）
　ラスをとめるピン。市場単価では，φ9，L=200，φ16，L=400が標準。

市松張り（いちまつはり）
　芝の張り方の一種で，市松模様に芝を並べる方法。

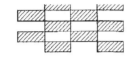

オーバーハング（おーばーはんぐ）
　岩壁の傾斜が，頭上に庇（ひさし）のようにおおいかぶさっている部分。

かけ土（かけつち）
　芝を張った後に適度な温度と湿度を保つために目土（めつち）をかけること。

仮設ロープ（かせつろーぷ）
　法面工が斜面にぶら下がる際に使用するロープ。親綱ともいう。

顔料（がんりょう）
　色彩をもち，水その他の溶剤に溶けない微粉末。吹付面を着色するために種子散布工に用いられることが多い。

客土吹付工（きゃくどふきつけこう）
　客土専用の吹付機を使用して種子や肥料，客土等を吹き付ける工法。

小段（こだん）
　法面の安定性を保つため，法面を段切りして設ける狭く平らな部分。維持修繕や水防活動などの作業を容易にする役割も担う。

コンクリート吹付工（こんくりーとふきつけこう）
　構造物による法面保護工の一つでモルタルコンクリート吹付機でコンクリート（セメント，砂，骨材）を吹き付ける工法。

芝串（しばくし）
　芝を固定する竹串。目串ともいう。

種子散布工（しゅしさんぷこう）
　種子吹付機を使用して種子や肥料，養生材等を散布する工法。

植生基材吹付工（しょくせいきざいふきつけこう）
　モルタルコンクリート吹付機を使用して植生基材（種子や肥料，生育基盤材等）を吹き付けること。

植生シート工（しょくせいしーとこう）
　種子や肥料等を装着したシート状のもの。止め釘等で固定する。市場単価では肥料袋無しでネットが一重のものをいう。

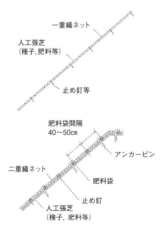

植生マット工（しょくせいまっとこう）
　種子や肥料等を装着したマット状のもの。アンカーピン等で固定する。市場単価では肥料袋付でネットが二重のものをいう。

植生筋工（しょくせいすじこう）
　種子帯（種子，肥料等を装着した繊維帯）を土羽打ちしながら植え込むこと。

筋芝工（すじしばこう）
　切芝を土羽打ちしながら植え込むこと。

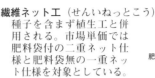
種子帯／切芝

繊維ネット工（せんいねっとこう）
　種子を含まず植生工と併用される。市場単価では肥料袋付の二重ネット仕様と肥料袋無の一重ネット仕様を対象としている。

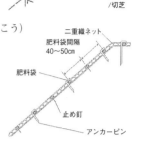

千鳥張り（ちどりはり）
　芝の張り方の一種で，水が通りやすい目地が連続しないように千鳥状に芝を配置する方法。

土羽土（どはつち）
　盛土法面の浸食防止，緑化を目的として設ける被覆土あるいは衣土。もともとは，土羽板を用いて人力で締め固めていたことからいう。

法面整形（のりめんせいけい）
　法面の形を整えること。

法面清掃（のりめんせいそう）
　施工に先立ち行われる，圧縮空気や人力によって，法表面のゴミ，浮石等を取り除く簡易な清掃や補修のこと。

張芝工（はりしばこう）
　法面に芝を芝串で止めて張り付けること。法面では，目地土が流出しないように全面張を行う必要がある。市場単価は全面張に適用。

肥料袋（ひりょうたい）
　植生マットや繊維ネットなどに一定の間隔で装着されている肥料の入った袋。市場単価ではパイプ状で装着間隔を40〜50cmとしている。

耳芝（みみしば）
　法肩に植える芝。

目地張り（めじはり）
　芝の張り方の一種で，芝と芝の間に隙間（目地）をあけて張る方法。

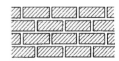

モルタル吹付工（もるたるふきつけこう）
　構造物による法面保護工の一つでモルタルコンクリート吹付機でモルタル（セメント，砂）を吹き付ける工法。

溶接金網（ようせつかなあみ）
　吹付コンクリートのせん断強度の補強や付着性の増強，剥離防止のために用いられる金網。

ラス（らす）
　ひし形金網のこと。市場単価では線径2.0mm網目50mmを標準とする。

吹　付　枠　工

◆**吹付枠工とは**

　法面の表面侵食の防止や緑化あるいは法面表層部の薄い小崩壊の防止などを目的として用いられる。施工性が良く，凹凸のある法面でも施工が可能といった特色がある。

　市場単価では，金網メッシュ，プラスチック段ボール等の自由に変形可能な型枠鉄筋のプレハブ部材を用いる工法を対象としている。

◆**市場単価に含む？含まない？**

施　工			
吹付枠工	特殊養生，雪寒仮囲いの費用	×	含まない。
	目地の費用	×	含まない。
	不陸が極端に大きく，それが梁断面の50％を超える場合の間詰モルタル・コンクリート	×	含まない。なお，量の判定は各梁ごとに行う。
ラス張工	法面清掃によって発生する残土の処分費	×	含まない。残土の積込・運搬費は含む。

◆**適用できる？できない？**

施　工			
吹付枠工	梁断面が長方形の場合	×	適用できない。正方形のみ適用できる。→図－1
	基本外観形状が円形や台形，三角形の場合	×	適用できない。矩形（正方形，長方形）のみ適用できる。ただし，部分的に形状が三角形や台形になる場合は適用できる。→図－2
	設計アンカー力が標準以外の場合	×	適用できない。
	梁断面150×150で主アンカーにロックボルトを使用する場合	×	適用できない。各梁断面サイズごとの法枠交点部アンカーの種類による適用の可否は75頁を参照。
	逆巻き施工の場合	×	適用できない。
	ハンチがある場合	○	ハンチの有無は問わない。→図－3
	水抜きパイプやスターラップを施工する場合	○	水抜きパイプやスターラップの有無は問わない。（スターラップは梁断面400×400以上の場合）
	ロックボルト用のガイド管（中抜き管）を施工する場合	○	適用できる。
ラス張工	枠内のみの部分張の場合	×	適用できない。全面張のみを対象としている。
	ラス張のみで法面清掃等しない場合	○	適用できる。補正係数（K₂）によって法面清掃とその残土の積込・運搬費用が除かれる。
	ひし形金網を使用しない場合	×	適用できない。

図－1　梁断面：正方形が市場単価適用

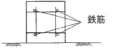
鉄筋

図－3　ハンチ：有無は問わない

ハンチ

図－2　基本形状が矩形：部分的に形状が異なる場合は適用可能

展開図

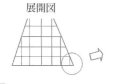

部分図

◆Q&A

Q	A
特殊養生とは何か	吹付材料に防凍剤を混入したり，法面やプラントの給熱や骨材加熱等である。
法面垂直高さの基準となる施工基面とは何か	吹付機等の機械設置基面。
吹付材料はモルタル，コンクリートのどちらでもよいのか。また材料の配合は	問わない。ただし，強度は18N/mm²程度以上。
間詰モルタル・コンクリートとは何か	梁と法面との隙間に吹付けるモルタルやコンクリート。不陸が梁断面サイズの50％以下であれば市場単価に含まれる。50％を超える場合は，設計数量にしたがって加算する。→図－4
水切モルタル・コンクリートとは何か	正方形の断面をもつ法枠を法面に設置すると，法枠と法面の三角形の窪みに雨水が溜まり，植生材が腐食するなどの弊害が発生する。このため雨水が溜まらないように三角形の窪みに水平に吹付けるモルタル・コンクリートをいう。法面の角度が変わるとその数量は変動することになる。水切モルタル・コンクリートを吹付けずに，梁本体に水抜きパイプを埋め込む場合もある。水抜きパイプは有無を問わず市場単価に含まれる。→図－5
表面コテ仕上げとは何か	一般的には，モルタルあるいはコンクリートを吹付けるだけで法枠は完成するが，景観を向上させるため，吹付け後の凹凸をコテで仕上げる場合をいう。仕上げる数量に応じて加算する。仕上げ面として，梁の上面のみの1面仕上げ，上面と法面の下から見える面の2面仕上げ，全て仕上げる3面仕上げがある。
ハンチとは何か	梁と梁が接するところの断面を，強度を高めるために大きくしたもの。→図－3
設計アンカー力とは何か	アンカー1本あたりの引張力。→図－6

図－4　間詰モルタル・コンクリート

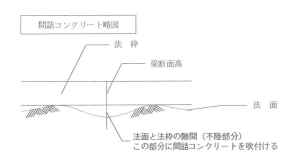

図－5　水切モルタル・コンクリート

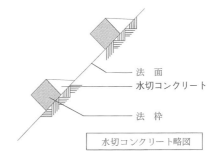

図－6　アンカーの荷重分担

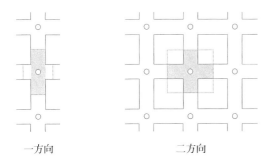

◆重複する補正係数の適用について

補正係数が重複する場合は下表に従い，適用する補正係数を選択する。

区　分	記号	S_1	S_2	S_3	S_4	K_1	K_2
施 工 規 模	S_1		－	－	－	S_1	○
	S_2	－		－	－	S_2	○
	S_3	－	－		－	S_3	○
	S_4	－	－	－		S_4	○
時 間 的 制 約	K_1	S_1	S_2	S_3	S_4		○
法面清掃なし	K_2	○	○	○	○	○	

凡例
　　○：重複して適用可能。
　　－：重複して適用不可（一つのみ選択，重複することがないなど）。
　　表中の記号：重複した場合に適用する記号。
　　（「本誌の利用にあたって」を参照）

◆直接工事費の算出例

〔例1〕施工条件：時間的制約あり　法面垂直高さ45m以下

💡　施工規模加算率（$S_{1~4}$）と時間的制約を受ける場合の補正係数（K_1）の適用に注意

　　➡吹付枠工は，標準施工規模（500m以上）を上回るので，時間的制約（K_1）を適用する。ラス張工は，標準施工規模（1,000㎡以上）を下回るので加算率を適用し，時間的制約（K_1）は重複適用できない。
　　➡枠内吹付工は「法面工」植生基材吹付工の単価を補正係数（K_3：枠内吹付）で補正する。施工数量は標準施工規模（植生基材吹付工1,000㎡以上）を下回るので，加算率（S_2）を適用する。その際，時間的制約（K_1）は重複適用できない。

項目名称	規　格	数　量	単　位	単　価	金　額	備　考
吹付枠工	梁断面 200×200	800	m	$Q=10,700\times(1+0/100)\times1.10$ $=11,770$	9,416,000	参考値
ラス張工		500	㎡	$Q=1,850\times(1+20/100)$ $=2,220$	1,110,000	参考値
枠内吹付工	植生基材吹付 工厚5cm	300	㎡	$Q=5,200\times(1+15/100)\times0.80$ $=4,784$	1,435,200	参考値
合　計（直接工事費）					11,961,200	

Q：補正後の市場単価　$Q=P\times(1+S_0$ or S_1 or S_2 or S_3 or $S_4/100)\times(K_1\times K_2)$
P：標準の市場単価（掲載単価）　　Sn：加算率　　　　Kn：補正係数

〔例2〕施工条件：法面垂直高さ25m以下

💡　ラス張工の法面清掃を必要としない場合の補正係数（K_2）の使い方に注意

　　➡客土吹付工と併用する場合はラス張工を補正係数（K_2）で補正し，客土吹付工と重複する費用（法面清掃と発生する残土の積込・運搬費）を除いて適用する。

項目名称	規　格	数　量	単　位	単　価	金　額	備　考
客土吹付工	厚3cm	1,000	㎡	$Q=2,150\times(1+0/100)$ $=2,150$	2,150,000	参考値
ラス張工		1,000	㎡	$Q=1,850\times(1+0/100)\times0.75$ $=1,387$	1,387,000	参考値
合　計（直接工事費）					3,537,000	

Q：補正後の市場単価　$Q=P\times(1+S_0$ or S_1 or S_2 or S_3 or $S_4/100)\times(K_1\times K_2)$
P：標準の市場単価（掲載単価）　　　Sn：加算率　　　Kn：補正係数

◆間違えやすい加算率や補正係数の対象数量の判定

区　分		記　号	吹付枠工	ラス張工
加算率	施工規模	$S_0 \sim S_4$	○○％	○○％

◇加算率（施工規模）

・工種ごと（上表の区切りごと）に１工事の全体数量で判定する。

・吹付枠工でモルタル吹付とコンクリート吹付を併用する場合は合計数量で判定する。

◆ラス張工で法面清掃を必要としない場合の補正係数（K_2）について

・客土吹付工においてラス張を施工する場合に適用する。補正により，法面清掃とその残土の積込・運搬費用が市場単価より除かれる。

・客土吹付工でラス張工を施工する場合の市場単価は下記のとおり。

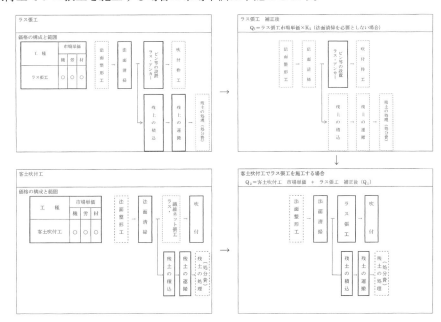

◆主アンカーによる適用の可否について

主アンカー（法枠交点部のアンカー）の種類による市場単価の適用の可否は下表による。

また主アンカーに使用するアンカーバーおよび補助アンカー（アンカーピン）の長さは1.0ｍ以内とする。

梁断面	主アンカー（法枠交点部のアンカー）		
	アンカーバー（長さ1.0ｍ以下）	グランドアンカー	ロックボルト
150×150	○	×	×
200×200	○	×	○注1
300×300	○	×	○注1
400×400	×	○注1	○注1
500×500	×	○注1	×
600×600	×	○注1	×

(注1) ロックボルト，グランドアンカーの材料費および施工費（労務＋機械経費）は含まない。

⇒上表は法枠交点部に打つアンカーの種類によって，市場単価が適用できるかどうかを示す。

例えば梁断面200×200は，法枠交点部をアンカーバーとする場合でも，ロックボルトとする場合でも市場単価は適用可能。ロックボルトとする場合は，機械経費・労務費・材料費は市場単価に含まれていないので，別途計上する。その際，アンカーバーの費用を差し引く必要はない。アンカーバーは枠のズレ止めとして使用する場合もあり，その有無は問わない。

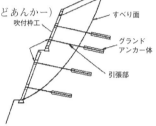

❖ 用 語 解 説 ❖

アンカーバー（あんかーばー）
　主アンカーに使用する長さ1m以下の鉄筋（鋼材）。

仮設ロープ（かせつろーぷ）
　法面工が斜面にぶら下がる際に使用するロープ。親綱ともいう。

グランドアンカー（ぐらんどあんかー）
　地中に固定した定着部と地表の構造物を，高強度の引張材で連結させ，引張力を利用して安定させるシステム。斜面安定や山留めなどで使用される。

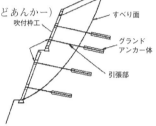

主アンカー（しゅあんかー）
　法枠を地表に固定するために設ける，法枠交点部のアンカー。⇔補助アンカー

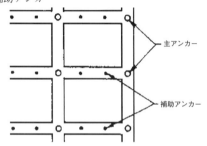

スターラップ（すたーらっぷ）
　コンクリート梁部材のせん断強度を高めるために主鉄筋を取り囲むように主鉄筋と直角方向に配置される鉄筋。

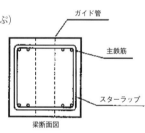
梁断面図

法面整形（のりめんせいけい）
　法面の形を整えること。

法面清掃（のりめんせいそう）
　施工に先立ち行われる，圧縮空気や人力によって，法表面のゴミ，浮石等を取り除く簡易な清掃や補修のこと。

梁断面（はりだんめん）
　梁の断面。市場単価では，正方形を対象としている。

ハンチ（はんち）
　梁と梁が接するところの断面を，強度を高めるために大きくしたもの。

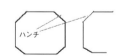

表面コテ仕上げ（ひょうめんこてしあげ）
　吹付け後の凹凸をコテで仕上げること。一般的には，モルタルあるいはコンクリートを吹付けるだけで法枠は完成するが，景観を向上させるために行われる。仕上げ面として，梁の上面のみの1面仕上げ，上面と法面の下から見える面の2面仕上げ，全て仕上げる3面仕上げがある。

吹付枠工（ふきつけわくこう）
　法面に金網やプラスチック等の型枠を鉄筋とともに格子状に組み，コンクリートやモルタルで吹付けて枠を形成する工法。施工性が良く，凹凸のある法面でも施工が可能といった特長がある。

補助アンカー（ほじょあんかー）
　法枠を地表に固定するために設ける，法枠交点部以外の縦枠や横枠に打つ長さ1m以下の鉄筋。

間詰モルタル・コンクリート（まづめもるたる・こんくりーと）
　梁と法面との隙間に吹付けるモルタルやコンクリート。

間詰コンクリート略図

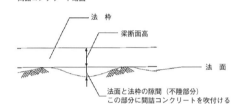

水切モルタル・コンクリート（みずきりもるたる・こんくりーと）
　正方形の断面をもつ法枠を法面に設置すると，法枠と法面の三角形の窪みに雨水が溜まり，植生材が腐食するなどの弊害が発生する。このため雨水が溜まらないように三角形の窪みに水平に吹付けるモルタル・コンクリートをいう。

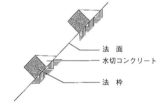

ラス（らす）
　ひし形金網のこと。市場単価では線径2.0mm網目50mmを標準とする。

ロックボルト（ろっくぼると）
　岩盤や土中に補強材（鉄筋）を挿入打設し，地山と一体化させ法面を補強する工法。吹付枠工等の他の工法と組み合わせて使用される。

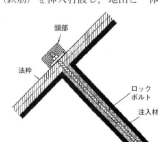

枠内吹付（わくないふきつけ）
　法枠内にコンクリートやモルタル，植生基材を吹付けること。

鉄筋挿入工（ロックボルト工）

◆鉄筋挿入工とは

　法面の崩壊を防止するために，ロックボルトを補強材として地中内に設置し，補強材がもつ引張り力等により防ぐ工法である。

◆市場単価に含む？含まない？

	材 料・施 工	
削孔機械の横移動手間	○	含む。
削孔用ツールスの損耗費	○	ドリルロッド，ビット，シャンクロッド，スリーブ等の損耗費は含む。
鋼材，グラウト材，頭部処理材の費用	△	材料費は含まない。ただし，施工費は含む。

◆適用できる？できない？

	材 料・施 工	
自穿孔材による施工の場合	×	適用できない。
逆巻き施工の場合	×	適用できない。
土質が硬岩，玉石混土を含む場合	×	適用できない。
削孔後の孔壁が自立しない場合	×	適用できない。
頭部処理にキャップを装着する場合	○	キャップ装着の有無は問わない。

◆Q&A

Q	A
現場条件Ⅰ～Ⅲの削孔機械にはどのようなものがあるか	市場単価では削孔機械を限定していないが，現在使用されている機械は主として以下のとおり。 現場条件Ⅰ：クレーン式ドリル，バックホウドリル，クローラドリル 現場条件Ⅱ：ボーリングマシン（軽量型） 現場条件Ⅲ：削岩機
現場条件Ⅱの「削孔機械の上下移動費」および「仮設足場の設置・撤去費」に加算率・補正係数は掛けるのか	「削孔機械の上下移動費」および「仮設足場の設置・撤去費」には加算率・補正係数はない（掛ける必要はない）。
一工事に現場条件Ⅰ～Ⅲが混在する場合の施工数量の判定方法は	現場条件Ⅰ，Ⅱ，Ⅲそれぞれの施工数量で判定し，加算率を反映する。

◆重複する補正係数の適用について

補正係数が重複する場合は下表に従い，適用する補正係数を選択する。

区　分	記　号	S_1	S_2	K_1	K_2
施 工 規 模	S_1		－	S_1	○
	S_2	－		S_2	○
時 間 的 制 約	K_1	S_1	S_2		○
垂 直 高 さ	K_2	○	○	○	

凡例

○：重複して適用可能。

－：重複して適用不可（一つのみ選択，重複することがないなど）。

表中の記号：重複した場合に適用する記号。

（「本誌の利用にあたって」を参照）

◆直接工事費の算出例

〔例1〕施工条件：時間的制約あり

💡 施工規模判定に注意

➡現場条件Ⅰ～Ⅲは1工事のそれぞれの施工数量で判定する。このケースで現場条件Ⅰは標準施工数量（200m）を上回り加算率（S_1）は適用しない。よって時間的制約（K_1）は適用できる。現場条件Ⅱは標準施工数量（200m）を下回り加算率（S_2）を適用する。この場合時間的制約（K_1）は重複して適用できない。

項目名称	規　格	数　量	単　位	単　価	金　額	備　考
現場条件Ⅰ	20m以下	250	m	$Q=6{,}300\times(1+0/100)\times1.10$ $=6{,}930$	1,732,500	参考値
現場条件Ⅱ	40m以下	50	m	$Q=10{,}300\times(1+35/100)$ $=13{,}905$	695,250	参考値
合　計（直接工事費）					2,427,750	

Q：補正後の市場単価　$Q=P\times(1+S_0 \text{ or } S_1 \text{ or } S_2/100)\times(K_1\times K_2)$

P：標準の市場単価（掲載単価）　　　　Sn：加算率　　　　Kn：補正係数

〔例2〕施工条件：現場条件Ⅰにおいて法面垂直高さ20mを超え，30m以下の場合

💡 施工規模判定に注意

➡現場条件Ⅰにおいて法面垂直高さが20m以下と20mを超え30m以下となる場合，施工規模は合計の施工数量で判定する。また，補正は標準垂直高（20m）を超えたm数のみに適用する。このケースでは，施工数量は全体の250mで判定し，加算率（S_1）は適用しない。補正係数（K_2）は20mを超えた100mのみに適用する。

項目名称	規　格	数　量	単　位	単　価	金　額	備　考
現場条件Ⅰ	20m以下	150	m	$Q=6{,}300\times(1+0/100)$ $=6{,}300$	945,000	参考値
	20m超 30m以下	100	m	$Q=6{,}300\times(1+0/100)\times1.15$ $=7{,}245$	724,500	参考値
合　計（直接工事費）					1,669,500	

Q：補正後の市場単価　$Q=P\times(1+S_0 \text{ or } S_1 \text{ or } S_2/100)\times(K_1\times K_2)$

P：標準の市場単価（掲載単価）　　　　Sn：加算率　　　　Kn：補正係数

道 路 植 栽 工

◆道路植栽工とは

　道路および道路施設の植樹，植樹管理および樹木の移植の作業である。

　市場単価では，植樹工，支柱設置・支柱撤去，地被類植付工，植樹管理（せん定，施肥，除草，芝刈，灌水，防除），移植工（掘取工）を設定している。

◆市場単価に含む？含まない？

材 料			
植樹工	樹木，土壌改良材，肥料の費用	×	含まない。ただし，植樹の施肥は，市場単価「施肥」を用いず材料費のみ別途加算する。
植樹工，移植工	客土の費用	×	含まない。
支柱設置	支柱の費用	○	含む。材質は，杉または桧とし，防腐加工（焼きは除く）が施されたものとする。ただし，北海道は，カラ松の焼丸太とする。
地被類植付工	地被類，土壌改良材の費用	×	含まない。
植樹管理　施肥	肥料の費用	×	含まない。
植樹管理　灌水	水の費用	×	含まない。
植樹管理　防除	薬剤の費用	×	含まない。
移植工	根巻き材の費用	○	含む。ただし，低木は含まない。

施 工 等			
植樹工	幹巻きの費用	×	含まない。
植樹管理　灌水散水車（貸与車）	貸与車である散水車の現場修理費および機械管理費	×	含まない。
植樹工，移植工	発生土の運搬費，処分費	×	含まない。
植樹管理高木せん定	高所作業車の費用	○	含む。高所作業車の使用の有無は問わない。
補正係数補植（$K_{6\sim7}$）	補植時の枯木撤去の費用	○	含む。枯木撤去作業の有無は問わない。
	補植で枯木撤去を行った場合の運搬費	○	含む。
	補植で枯木撤去を行った場合の処分費	×	含まない。
補正係数支柱補修（K_8）	支柱の撤去費用	○	含む。さらに撤去した支柱の運搬費は含むが，その処分費は含まない。

◆適用できる？できない？

施　工			
全　　般	公園での施工の場合	×	適用できない。市場単価「公園植栽工」を適用する。
植樹工	コンテナ樹木の場合	○	適用できる。コンテナプランツまたはポット樹木。
	地被類の場合	×	適用できない。「地被類植付工」を適用する。
	草花類の場合	×	適用できない。
	高木幹周60cm以上90cm未満の人力施工の場合	×	適用できない。機械施工（バックホウ山積0.28㎥（平積0.2㎥））が標準。
植樹工 地被類植付工	土壌改良材を使用しない場合	○	土壌改良材の使用の有無は問わない。使用する場合はその材料費を別途加算する。
支柱設置	間伐材を使用する場合	○	材質や防腐加工が同一であれば適用できる。
植樹管理　施肥	植樹工に行う施肥の場合	×	適用できない。植樹工の施肥は、肥料の材料費のみを加算する。
植樹管理　除草	機械施工の場合	×	適用できない。人力施工が標準。
植樹管理　芝刈	機械施工の場合	○	適用できる。
地被類植付工	ささ類、木草本類、つる性類以外の場合	×	適用できない。
	コンテナ径12cmを超える地被類、または高さ（長さ）60cmを超える地被類の場合	×	適用できない。
植樹管理　灌水	散水車が貸与車でなく、持ち込みの場合	○	「トラック使用」を適用する。
移植工（掘取工）	あらかじめ根切りを行い、埋戻しておき後日移植する場合	×	適用できない。
	寄植を移植する場合	○	適用できる。適用規格は、個々の樹木の樹高で判断する。
	仮植地からの掘取作業の場合	○	適用できる。
補正係数 補植（K6～7）	高木の補植の場合	×	適用できない。高木の補植には補正係数の設定がない。 （中木、低木は補正係数が適用できる。）
補正係数 支柱補修（K8）	支柱を全部取替える場合	×	適用できない。部分取替時のみ適用できる。全取替の場合は「支柱撤去」と「支柱設置」を適用する。

◆Q＆A

Q		A
全　　般	高木、中木、低木の定義は	高木は樹高3m以上、中木は樹高60cm以上3m未満、低木は樹高60cm未満。また低木には株物や一本立を含む。
	高木の幹周とはどこの寸法か	根鉢の上端から高さ1.2mでの幹の周囲長。
	幹が枝分かれしている場合の幹周は	それぞれの幹周の総和の70％。
	「せん定」の定義は	樹形を維持するための定期的な手入れを標準とし、大きく切り詰める「強せん定」には適用できない。
	「防除」とは何か	薬剤散布。
	施工場所によって単価は変わるか	変わる。標準を歩道、交通島としている。その他の場合(中央分離帯、環境緑地帯、未供用区間)は補正係数を適用する。
	定期的なせん定とは	高木・中低木では過去3年度以内に定期的にせん定を実施、寄植では毎年度実施されていることを想定している。
補正係数 （K6～7）	補植とは何か	既存の植樹地において著しい枯損が発生した場合や適正密度に対して立木密度が低いような場合に行う植樹。
施工単位	「支柱設置」の"本"とは何か	樹木1本当たり。
	「支柱設置」の"m"とは何か	支柱設置延長。
	「せん定　寄植せん定」の㎡とは何か	低木は植地面積、中木は刈り込み後の表面積。
	「施肥　寄植」の㎡とは何か	植地面積。
	「防除　寄植」の㎡とは何か	低木は植地面積、中木は表面積。
規格・仕様の判断	「せん定」の樹木の規格・仕様の判定は	せん定後の高さによって判定。
	「せん定」の夏期せん定、冬期せん定の意味は	夏期せん定とは、樹幹の乱れや繁茂し混みすぎた枝を整えることを目的としたせん定のこと。 冬期せん定とは、自然樹形の骨格枝を作ることを目的としたせん定のこと。（基本せん定ともいう）

◆重複する補正係数の適用について

補正係数が重複する場合は下表に従い，適用する補正係数を選択する。

区　分	記号	S_1	S_2	K_1	K_2	$K_3{\sim}_5$	K_6	K_7	K_8	K_9
施 工 規 模	S_1		－	S_1	○	○	K_6	K_7	K_8	○
	S_2	－		S_2	○	○	K_6	K_7	K_8	○
時 間 的 制 約	K_1	S_1	S_2		○	○	○	○	○	○
夜 間 作 業	K_2	○	○	○		○	○	○	○	○
施 工 場 所	$K_3{\sim}_5$	○	○	○	○		K_6	K_7	K_8	○
補　　植	K_6	K_6	K_6	○	○	K_6		○	○	○
	K_7	K_7	K_7	○	○	K_7	○		○	○
支 柱 補 修	K_8	K_8	K_8	○	○	K_8	○	○		○
幹 巻 き	K_9	○	○	○	○	○	○	○	○	

凡例

○：重複して適用可能。

－：重複して適用不可（一つのみ選択，重複することがないなど）。

表中の記号：重複した場合に適用する記号。

（「本誌の利用にあたって」を参照）

◆直接工事費の算出例

〔例〕施工条件：時間的制約あり

💡 施工規模判定に注意，材料の加算に注意

➡ 植樹工の高木と中木は1工事内の合計数量で判定する。標準施工規模は50本で，このケースは，高木7本＋中木200本＝207本で施工規模加算率（$S_1{\sim}_2$）は適用しない。よって時間的制約を受ける場合の補正係数（K_1）を適用する。施工規模加算率（$S_1{\sim}_2$）と時間的制約を受ける場合の補正係数（K_1）は重複して適用できない。

➡ 植樹工は樹木材料費を加算する。土壌改良材を使用する場合は材料のみ必要数量を加算する。

➡ 支柱設置は，施工単位が異なる規格は，合計せずにそれぞれの数量で施工規模を判定する。このケースの高木の二脚鳥居は標準施工規模（50本）を下回るので加算率（S_2）を適用する。

よってこの場合は，時間的制約（K_1）は重複して適用できない。

中木の生垣形は標準施工規模（30m）を上回るので加算率は適用しない。

よって時間的制約補正（K_1）を適用する。

➡ 植栽工中木，支柱設置工中木はいずれも中央分離帯での施工のため施工場所補正(K_3)を適用する。

項目名称	規　格	数　量	単　位	単　価	金　額	備　考
植樹工	高木 幹周20cm以上40cm未満	7	本	Q＝16,300×（1＋0/100）×1.10 ＝17,930	125,510	歩道（参考値）
	中木 樹高100cm以上200cm未満	200	本	Q＝1,760×（1＋0/100） 　　×1.10×1.15 ＝2,226	445,200	中央分離帯 （参考値）
植樹材料費 （樹木）	イチョウ（幹周25cm）	7	本	33,000	231,000	参考値
	マサキ（樹高120cm）	200	本	1,300	260,000	参考値
土壌改良材		200	本	195	39,000	参考値
支柱設置工	高木　二脚鳥居添木付	7	本	Q＝5,460×（1＋20/100） ＝6,552	45,864	歩道（参考値）
	中木　生垣形	120	m	Q＝1,430×（1＋0/100） 　　×1.10×1.10 ＝1,730	207,600	中央分離帯 （参考値）
合　計（直接工事費）					1,354,174	

Q：補正後の市場単価　　Q＝P×（1＋S_0 or S_1 or S_2/100）×（K_1×K_2×…×K_9）

P：標準の市場単価（掲載単価）　　　Sn：加算率　　　Kn：補正係数

◆設計・積算・施工等における留意事項

（1）外気温や樹木の特性を考慮し，植栽する。
（2）使用する客土は有害な粘土，ゴミ等の混入のない良質土を使用する。

◆施工場所

供用区間：車両，自転車，歩行者等一般交通の影響を受ける現道上の施工場所で，下記のとおり区分する。

歩　道	歩道または，車道と歩道の間に設置した植栽地
交通島	交差点において車両を導流するための導流島および歩行者の安全を確保するために設けられた安全島および植栽地
中央分離帯	交通の分流制御を目的とした中央分離帯等に設けられた植栽地
環境緑地帯	幹線道路の沿道の生活環境を保全するための環境施設帯(駐車帯・道の駅等）に設けられた植栽地

未供用区間：バイパス施工中等で，車両，自転車，歩行者等一般交通の影響を受けない施工場所。ただし，現道上であっても，一般交通の影響をほとんど受けずに作業実施可能な施工場所（通行止区間等)は，未供用区間とする。

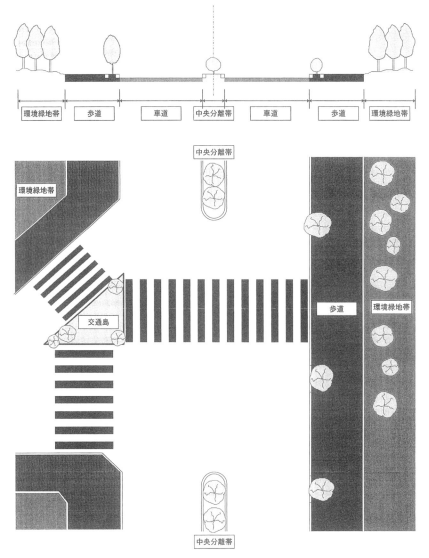

土木工事市場単価

◆参考図：施工数量の判定

◇支柱設置（撤去）【単位：m】

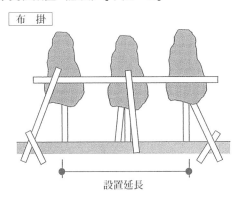

布　掛

設置延長

生垣形

設置延長

◇寄植せん定，寄植防除【単位：㎡】

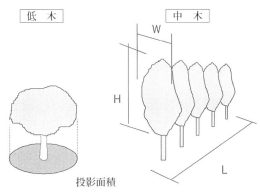

低　木

中　木

投影面積

表面積

$$表面積＝(L×H×2)＋(L×W)＋(W×H×2)$$
$$\qquad\quad（側面）\qquad（天端）\qquad（端部）$$

片面のせん定および防除をしない場合は，その部分の面積を控除する。

◆参考図：支柱形式

二脚鳥居（添木付）

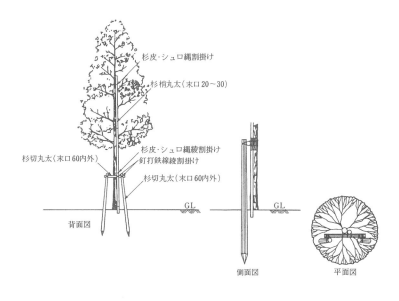

杉皮・シュロ縄割掛け

杉梢丸太（末口20〜30）

杉切丸太（末口60内外）

杉皮・シュロ縄綾割掛け
釘打鉄線綾割掛け

杉切丸太（末口60内外）

GL

GL

背面図

側面図

平面図

二脚鳥居(添木無)

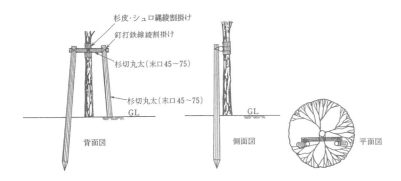

三脚鳥居

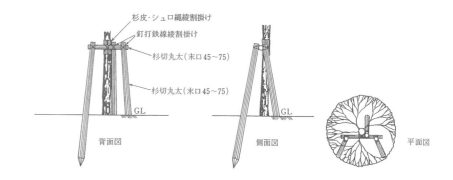

十字鳥居

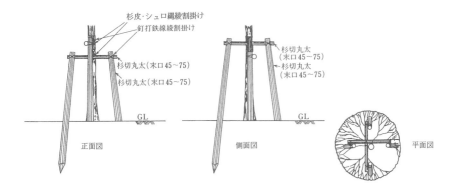

土木工事市場単価

二脚鳥居組合せ

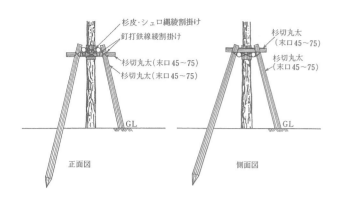

杉皮・シュロ縄綾割掛け
釘打鉄線綾割掛け
杉切丸太(末口45〜75)
杉切丸太(末口45〜75)

杉切丸太(末口45〜75)
杉切丸太(末口45〜75)

正面図

側面図

平面図

八ッ掛(丸太)

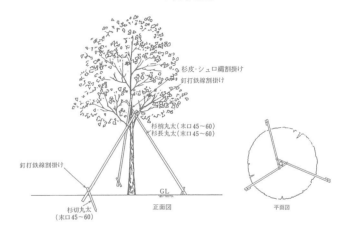

杉皮・シュロ縄割掛け
釘打鉄線割掛け

杉梢丸太(末口45〜60)
杉長丸太(末口45〜60)

釘打鉄線割掛け

杉切丸太(末口45〜60)

GL

正面図

平面図

八ッ掛(竹)

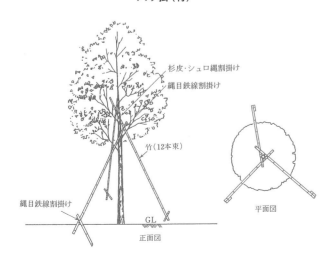

杉皮・シュロ縄割掛け
縄目鉄線割掛け

竹(12本束)

縄目鉄線割掛け

GL

正面図

平面図

布掛

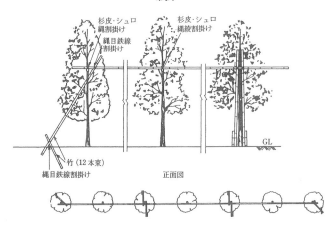

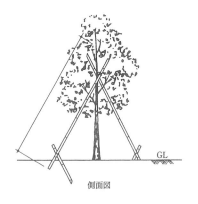

添柱形（竹）

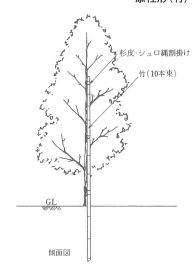

生垣形

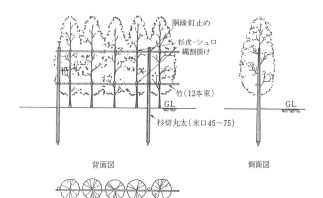

❖ 用 語 解 説 ❖

一本立（いっぽんだち）
　幹が分岐しておらず単幹のもの。

沖縄特殊規格（おきなわとくしゅきかく）
　ヤシ類の樹高は，根鉢の上部から当年枝葉養成部（新計測点）までの高さ（幹高）を計測。

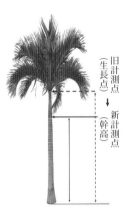

旧計測点（生長点）
↓
新計測点（幹高）

株物（かぶもの）
　樹木の幹が根元から分岐していて，複数の幹から構成されるもの。

灌水（かんすい）
　水を注ぐこと。

コンテナプランツ（こんてなぷらんつ）
　栽培容器で一定期間栽培された植物で，ポット樹木ともいわれる。

地拵え（じごしらえ）
　植付場所に手を加えて樹木等の生育に適した状態にすること。植付場所の土壌を耕運し，土塊を砕き，瓦礫や雑草根等を取り除く。

樹高（じゅこう）
　樹木の樹冠の頂端から根鉢の上端までの垂直高さをいう。一部の突出した枝は含まない。

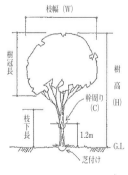

枝幅（W）
樹冠長
樹高（H）
幹周り（C）
枝下長
1.2m
G.L
芝付け

地被類（ちひるい）
　グランドカバープランツともいう。地面を這うように伸長する植物。市場単価では，コンテナ径12cm以下で高さ60cm以下のささ類，木草本類，つる性類を対象にしている。

根切り（ねぎり）
　根回しともいう。移植前にあらかじめ周囲を掘下げて支持根を残し他の根を切断し，切断部位より細根の発生を促す作業。長年移植されていない樹木や貴重な樹木，移植困難な種類の樹木を安全に移植し，活着させるため根系全体を損傷なく掘り取る目的で行われる。

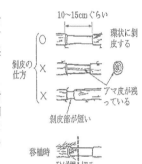

10～15cmぐらい
環状に剥皮する
剥皮の仕方
アマ皮が残っている
剥皮部が短い
移植時
ひげ根・切る

根巻き（ねまき）
　樹木の移動に際し，土をつけたままで鉢を掘り，根系の乾燥防止や細根の保護のためにその鉢の表面をワラ縄，コモなどで巻き締め包むこと。

防除（ぼうじょ）
　病害虫を防ぎ駆除するために薬剤を散布すること。

補植（ほしょく）
　既存の植樹地において著しい枯損が発生した場合や適正密度に対して立木密度が低い場合に行う植樹。市場単価では補正係数により適用可能。

ポット樹木（ぽっとじゅもく）
　コンテナプランツ参照。

幹巻き（みきまき）
　移植した樹木は，根を切られるため樹勢が衰えるので，蒸散作用を抑制するために枝葉を剪定することが多い。このため幹に強い日差しが当たりひび割れや樹皮が剥離し，時には樹木が枯死することもある。これを防止するために，ワラ，コモ，ジュート布などを幹に巻くことをいう。

シュロ縄
ワラ

公 園 植 栽 工

◆公園植栽工とは

公園内の植樹の作業である。

市場単価では，植樹工，支柱設置，地被類植付工を設定している。

◆市場単価に含む？含まない？

材 料			
植樹工	樹木，土壌改良材，肥料の費用	×	含まない。
	客土の費用	×	含まない。
支柱設置	支柱の費用	○	含む。材質は，杉または桧とし，防腐加工（焼きは除く）が施されたものとする。ただし，北海道は，カラ松の焼丸太とする。
植樹工	地被類，土壌改良材の費用	×	含まない。

施 工 等			
植樹工	発生土の運搬費，処分費	×	含まない。

◆適用できる？できない？

施 工			
全 般	道路および道路施設の場合	×	適用できない。市場単価「道路植栽工」適用。
	日本庭園内の場合	×	適用できない。
植樹工	コンテナ樹木の場合	○	適用できる。コンテナプランツまたはポット樹木。
	地被類の場合	×	適用できない。「地被類植付工」を適用する。
	草花類の場合	×	適用できない。
地被類植付工	ささ類，木草本類，つる性類以外の場合	×	適用できない。
	コンテナ径12cmを超える地被類，または高さ（長さ）60cmを超える地被類の場合	×	適用できない。
植樹工地被類植付工	土壌改良材を使用しない場合	○	土壌改良材の使用の有無は問わない。使用する場合はその材料費を別途加算する。
支柱設置	間伐材を使用する場合	○	材質や防腐加工が同一であれば適用できる。

◆Q＆A

	Q	A
全 般	中木，低木の定義は	中木は樹高60cm以上3m未満，低木は樹高60cm未満。また低木には株物や一本立を含む。
施工単位	「支柱設置」の"本"とは何か	樹木1本当たり。
	「支柱設置」の"m"とは何か	支柱設置延長。→次頁の参考図参照

◆重複する補正係数の適用について

補正係数が重複する場合は下表に従い，適用する補正係数を選択する。

区　分	記　号	S_1	S_2	K_1
施 工 規 模	S_1		—	S_1
	S_2	—		S_2
時 間 的 制 約	K_1	S_1	S_2	

◆直接工事費の算出例

〔例〕施工条件：時間的制約あり

💡 施工規模判定，材料の加算に注意

➡植樹工の中木と低木は１工事のそれぞれの施工数量で判定する。このケースで，中木は標準施工規模（50本）を上回り加算率（$S_{1～2}$）は適用しない。よって時間的制約補正（K_1）を適用する。低木は標準施工規模（1,000本）を下回り加算率（S_1）を適用する。この場合，時間的制約補正（K_1）は重複して適用できない。

➡植樹工は樹木材料費を加算する。

項目名称	規　格	数量	単位	単　価	金　額	備　考
植樹工	中木 樹高200cm以上300cm未満	60	本	$Q=3,090 \times (1+0/100) \times 1.10$ $=3,399$	203,940	参考値
	低木 60cm未満	250	本	$Q=240 \times (1+10/100)$ $=264$	66,000	参考値
植樹材料費 （樹木）	キンモクセイ （樹高2m）	60	本	6,800	408,000	参考値
	サツキツツジ （樹高0.4m）	250	本	1,200	300,000	参考値
合　計　（直接工事費）					977,940	

Q：補正後の市場単価　　$Q=P \times (1+S_0 \text{ or } S_1 \text{ or } S_2/100) \times (K_1)$
P：標準の市場単価（掲載単価）　　　Sn：加算率　　　Kn：補正係数

◆参考図：施工数量の判定

◇支柱設置【単位：m】

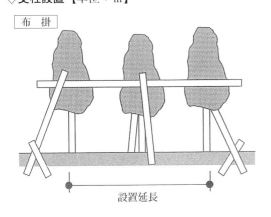

布　掛

設置延長

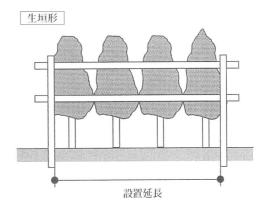

生垣形

設置延長

橋梁用伸縮継手装置設置工

◆橋梁用伸縮継手装置設置工とは

橋梁のさまざまな変位が平滑に行われるために桁端部に取り付けられる伸縮継手装置の設置作業である。

◆市場単価含む？含まない？

新 設			
材 料	伸縮装置本体および付属するアンカーボルトの費用	×	含まない。
	後打ちコンクリートの費用	○	含む（普通, 高炉, または早強セメントを問わない）。
	補強鉄筋の費用	○	含む。
施 工	床版埋込み鉄筋設置の費用	×	含まない。
	足場工・防護工および安全対策にかかる費用	×	含まない。
	後打ちコンクリートの色付けの費用	×	含まない。
	箱抜部充填材の撤去で発生した廃材の運搬費・処分費	×	含まない。

補 修			
材 料	伸縮装置本体および付属するアンカーボルトの費用	×	含まない。
	後打ちコンクリート（超速硬コンクリート）の費用	○	含む。
	補強鉄筋の費用	○	含む。
	削孔式アンカーの費用	○	含む。
施 工	足場工・防護工および安全対策にかかる費用	×	含まない。
	後打ちコンクリートの表面処理（色付け等）の費用	×	含まない。
	旧ジョイント撤去で発生した廃材の運搬費・処分費	×	含まない。
	床版の復旧・補修にかかる費用	×	含まない。

◆適用できる？できない？

材 料			
設置または撤去の対象となる伸縮装置本体	表面ゴム製, 表面ゴム＋鋼材製, 表面鋼材製の場合	○	重量制約あり。『土木施工単価』掲載の〔参考〕市場単価適用可能橋梁用伸縮継手装置を参照。
	鋼製フィンガージョイントの場合	×	適用できない。
	鋼製スライドジョイントの場合	×	適用できない。
	ボルト固定式で着脱可能な伸縮装置の場合	×	適用できない。シーペックジョイント等。
	埋設型伸縮装置の場合	×	橋梁用埋設型伸縮継手装置設置工（市場単価）を適用。
設置または撤去の対象となる伸縮装置本体の質量	1.8m当たり180kg以下の場合	○	適用できる。
	1.8m当たり180kg超の場合	×	適用できない。
後打ちコンクリート	樹脂コンクリートの場合	×	適用できない。
	樹脂モルタルの場合	×	適用できない。
	普通コンクリート（普通または早強または高炉セメント）の場合	△	新設のみ適用できる。
	超速硬コンクリートの場合	△	補修のみ適用できる。

施　工			
新　設	未供用部への横目地施工の場合	○	適用できる。
	未供用部への縦目地施工の場合	○	適用できる。
補　修	既設橋梁での横目地即日取替の場合	○	適用できる。
	既設橋梁での縦目地即日取替の場合	○	適用できる。2車線相当を適用。
	仮復旧を伴う取替の場合	×	適用できない。**Q＆A**参照。
	既設橋梁において伸縮装置以外の目地材を伸縮装置と取替える場合	×	適用できない。
現道拡幅（縦目地新設）	供用側床版端部のカッター工およびはつり工が完了している場合	○	適用できる。
	供用側床版端部のカッター工およびはつり工が完了していない場合	×	適用できない。
床版形式	コンクリート床版の場合	○	適用できる。
	鋼床版の場合	×	片側・両側ともに適用できない。
はつり部（補修）	普通もしくは超速硬コンクリートの場合	○	適用できる。
	補強鉄筋のある樹脂コンクリートの場合	×	適用できない。
	繊維補強コンクリートの場合	×	適用できない。
	はつり工にウォータージェットを用いる場合	×	適用できない。
特殊型枠	ジョイントの据付に特殊型枠を使用する場合	×	適用できない。

◆Q＆A

Q	A
市場単価の適用できる伸縮装置は	『土木施工単価』掲載の〔参考〕市場単価適用可能橋梁用伸縮継手装置を参照。
床版埋込み鉄筋・削孔式アンカーとは	伸縮装置本体と床版を一体化するために、床版下面から露出している鉄筋。一般的に、床版埋込み鉄筋は新設時に床版工事において配筋され、削孔式アンカーは補修（取替）時に伸縮装置取替工において削孔，設置される。
補強鉄筋とは	伸縮装置本体と床版との一体化作業において，床版埋込み鉄筋（削孔式アンカー）と装置本体付属のアンカーボルト（アンカーバー）との結束を補強するために用いられる鉄筋。
気象条件等で工事が中断した場合に要した仮復旧費は市場単価に含まれるか	仮復旧にかかる全ての費用は含まない。仮復旧を要求する工事は適用の対象外としている。

◆直接工事費の算出例

〔例〕施工条件：既設橋における伸縮装置の補修　普通型1車線相当　夜間施工　縦目地補修あり

　➡縦目地の伸縮装置の補修（取替）には2車線相当の規格・仕様を適用する。

項目名称	規　格	数　量	単　位	単　価	金　額	備　考
伸縮装置1	本体材料費（横目地用）	3.6	m	…	…	市場単価に含まない
伸縮装置2	本体材料費（縦目地用）	7.0	m	…	…	市場単価に含まない
補　修 普通型（横目地）	1車線相当（夜間）	3.6	m	Q＝141,000×1.25 ＝176,250	634,500	参考値
補　修 普通型（縦目地）	2車線相当（夜間）	7.0	m	Q＝116,000×1.25 ＝145,000	1,015,000	参考値
廃材処分費	運搬費・処分費	…	…	…	…	市場単価に含まない
合　計（直接工事費）廃材処分費および仮設工（足場工・防護工等）含まず					1,649,500	

Q：補正後の市場単価　Q＝P×（K₁）

Q：補正後の市場単価　$Q = P \times (K_1)$

P：標準の市場単価（掲載単価）　　　　Kn：補正係数

P：標準の市場単価（掲載単価）　　　　K_n：補正係数

◆複数の日数で２箇所以上の既設伸縮装置を補修する場合の算出方法

夜間の補修工事で，合計３箇所（１箇所3.6m）の伸縮装置を２日に分けて施工する場合を例にすると，

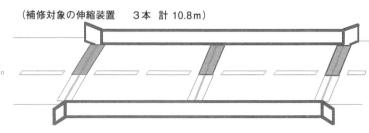

（補修対象の伸縮装置　３本　計10.8m）

規格・仕様は
↓
１日当たりの施工車線数により判定。
↓
１日目は２車線相当
２日目は１車線相当
↓

① １日目
　補修〔普通型or軽量型〕
　２車線相当（7.2m標準）
　　P（標準単価）×K₁（夜間補正）
　　×7.2m（対象数量）

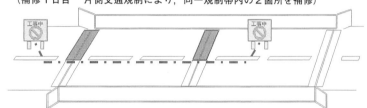

（補修１日目　片側交通規制により，同一規制帯内の２箇所を補修）

② ２日目
　補修〔普通型or軽量型〕
　１車線相当（3.6m標準）
　　P（標準単価）×K₁（夜間補正）
　　×3.6m（対象数量）

（補修２日目　片側交通規制により，残りの１箇所を補修）

このように，施工計画や交通規制の関係で適用となる規格・仕様が変化するので，規格・仕様の判定には十分注意を要する。

◆参考図

【車線数の考え方および縦目地・横目地】

〔例１〕片側規制を行い，１日当たりの実施工量（車線相当数）→１車線

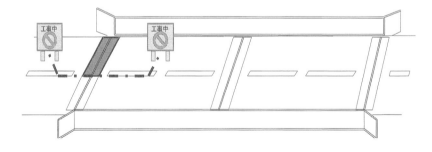

〔例2〕片側規制を行い，1日当たりの実施工量（車線相当数）→2車線

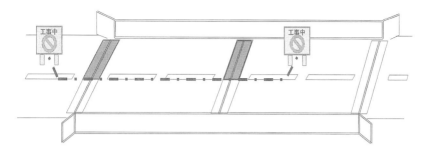

〔例3〕全面規制を行い，1日当たりの実施工量（車線相当数）→2車線

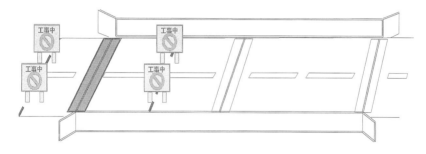

〔例4〕縦目地と横目地

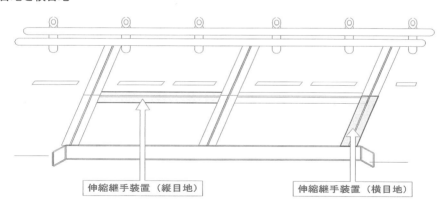

伸縮継手装置（縦目地）　　　　　　伸縮継手装置（横目地）

橋梁用埋設型伸縮継手装置設置工

◆**橋梁用埋設型伸縮継手装置設置工とは**

　橋梁のさまざまな変位が平滑に行われるために桁端部に取り付けられる埋設型伸縮継手装置の設置作業である。

　市場単価では主に特殊合材（弾性合材）により桁の伸縮を吸収する構造をもつ埋設型伸縮継手装置が適用対象である。

◆**市場単価に含む？含まない？**

新 設・舗 装 厚 内 型・後 付 工 法			
材　料	伸縮装置本体（特殊合材）の費用	×	含まない。次頁参照〔本体材料費加算額〕舗装厚内型の金額を別途積算する。
	本体付属部材の費用	×	
施　工	設置部のカッター工・As撤去の費用	○	含む。
	設置部の箱抜きで発生した廃材の運搬費・処分費	×	含まない。
	足場工・防護工および安全対策にかかる費用	×	含まない。

新 設・床 版 箱 抜 型・先 付 工 法			
材　料	特殊合材の費用	×	含まない。次頁参照〔本体材料費加算額〕床版箱抜型（特殊合材費・伸縮金物費）の金額を別途積算する。
	伸縮金物の費用	×	
	本体鉄筋の費用	×	
	伸縮ゴムの費用	×	
施　工	表層舗設の費用	×	含まない。
	足場工・防護工および安全対策にかかる費用	×	含まない。

新 設・床 版 箱 抜 型・後 付 工 法			
材　料	特殊合材の費用	×	含まない。次頁参照〔本体材料費加算額〕床版箱抜型（特殊合材費・伸縮金物費）の金額を別途積算する。
	伸縮金物の費用	×	
	本体鉄筋の費用	×	
	伸縮ゴムの費用	×	
施　工	設置部のカッター工・As撤去の費用	○	含む。
	設置部の箱抜きで発生した廃材の運搬費・処分費	×	含まない。
	足場工・防護工および安全対策にかかる費用	×	含まない。

補 　修・舗 装 厚 内 型			
材　料	伸縮装置本体の費用	×	含まない。次頁参照〔本体材料費加算額〕舗装厚内型の金額を別途積算する。
	本体付属部材の費用	×	
	床版断面修正材の費用	○	超速硬モルタルまたは超速硬コンクリート（手練り）の材料費を含む。
施　工	床版断面修正（レベル調整）の費用	○	含む。
	旧ジョイント撤去で発生した廃材の運搬費・処分費	×	含まない。

補 　修・床 版 箱 抜 型			
材　料	特殊合材の費用	×	含まない。次頁参照〔本体材料費加算額〕床版箱抜型（特殊合材費・伸縮金物費）の金額を別途積算する。
	伸縮金物の費用	×	
	削孔式アンカーの費用	○	含む。
	補強鉄筋の費用	○	含む。
	床版断面修正材の費用	○	超速硬モルタルまたは超速硬コンクリート（手練り）の材料費を含む。
施　工	床版断面修正（レベル調整）の費用	○	含む。
	旧ジョイント撤去で発生した廃材の運搬費・処分費	×	含まない。

〔**本体材料費加算額**〕

舗 装 厚 内 型			
本体材料費	特殊（弾性）合材の費用	○	含む。
	ゴムシートの費用	○	含む。
	敷板の費用	○	含む。
	バインダーの費用	○	含む。
	固定ピンの費用	○	含む。
	伸縮ゴムの費用	○	含む。
	バックアップ材の費用	○	含む。
	伸縮ゴムの費用	○	含む。

床 版 箱 抜 型（特殊合材費・伸縮金物費）			
本体材料費	特殊合材費	特殊（弾性）合材の費用	○	含む。
		プライマーの費用	○	含む。
	伸縮金物費	伸縮金物の費用	○	含む。
		本体鉄筋の費用	○	含む。
		伸縮シートの費用	○	含む。
		伸縮ゴムの費用	○	含む。

◆**適用できる？できない？**

材 料			
設置および撤去の対象となる伸縮装置本体	ゴム製伸縮装置の場合	△	市場単価「橋梁用伸縮継手装置設置工」の範囲内でのみ撤去の対象物として適用できる。
	鋼製フィンガージョイントの場合	×	適用できない。
	鋼製スライドジョイントの場合	×	適用できない。
	鋼製金物を用いる荷重支持型の埋設型伸縮装置の場合	×	適用できない。ヘキサロック工法。
	突合せ目地の場合	△	無処理目地および瀝青系目地で単純な構造のもののみ撤去の対象物として適用できる。

施 工			
新 設	未供用部への横目地施工の場合	○	適用できる。
補 修	既設橋梁での横目地即日取替の場合	○	適用できる。
	仮復旧を伴う取替の場合	×	適用できない。**Q & A**参照。
はつり部（補修）	普通もしくは超速硬コンクリートの場合	○	適用できる。
	補強鉄筋のある樹脂コンクリートの場合	×	適用できない。
	繊維補強コンクリートの場合	×	適用できない。
	はつり工にウォータージェットを用いる場合	×	適用できない。

◆**Q & A**

Q	A
市場単価の適用できる伸縮装置は	『土木施工単価』掲載の〔参考〕市場単価適用可能橋梁用埋設型伸縮継手装置を参照。
気象条件等で工事が中断した場合に要した仮復旧費は市場単価に含まれるか	仮復旧にかかる全ての費用は含まない。仮復旧を要求する工事は適用の対象外としている。

◆直接工事費の算出例

〔例1〕施工条件：床版箱抜型（先付）による新設　昼間施工
　　　　本体設置断面【延長10.0m　幅400mm　厚さ40mm】

💡　単位に注意

➡ 加算額を計上することにより，標準工事（舗装工事含まず）の一式が計上できるが，価格単位が異なる点に留意する。また，加算額はロスを含んだ価格なので，設計数量ではロスを計上しない。

項目名称	規格	数量	単位	単価	金額	備考
材料費加算額	床版箱抜型特殊合材費	0.16	㎡	785,000	125,600	参考値
	床版箱抜型伸縮金物費	10.0	m	31,300	313,000	参考値
新　設	床版箱抜型先付工法	10.0	m	Q＝32,200×K₁（なし）＝32,200	322,000	参考値
舗装工	表層	…	…	…	…	
合　計（直接工事費）舗装工および仮設工（足場工・防護工 等）含まず					760,600	

Q：補正後の市場単価　$Q＝P×(K_1)$
P：標準の市場単価（掲載単価）　　　　Kn：補正係数

〔例2〕施工条件：舗装厚内型による補修（既設は突合せの瀝青目地）　2車線　夜間施工
　　　　本体設置断面【延長7.2m　幅500mm　厚さ75mm】

💡　単位に注意

➡ 加算額の価格単位が異なる点に留意する。また，加算額はロスを含んだ価格なので，設計数量ではロスを計上しない。撤去対象が突合せの瀝青目地なので補正係数（K_2）を適用する。

項目名称	規格	数量	単位	単価	金額	備考
材料費加算額	舗装厚内型本体材料費	0.27	㎡	1,450,000	391,500	参考値
補修舗装厚内型	2車線相当（夜間）	7.2	m	Q＝55,200×1.30×0.90＝64,584	465,004	参考値
廃材処分費	運搬費・処分費	…	…	…	…	市場単価に含まない
合　計（直接工事費）廃材処分費および仮設工（足場工・防護工 等）含まず					856,504	

Q：補正後の市場単価　$Q＝P×(K_1×K_2)$
P：標準の市場単価（掲載単価）　　　　Kn：補正係数

◆参考図

【新設工事断面】

〔舗装厚内型・後付〕

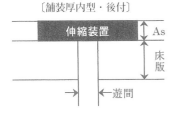

〔床版箱抜型・先付〕

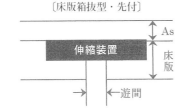

〔床版箱抜型・後付〕

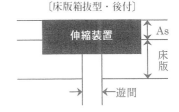

【補修工事断面】

〔舗装厚内型〕

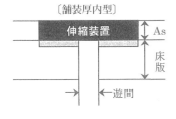

〔床版箱抜型〕

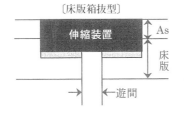

伸縮装置本体
（加算額）

床版断面
修正工

【施工図】

 ⇒ 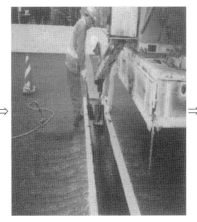 ⇒

土木工事市場単価

橋　面　防　水　工

◆橋面防水工とは

　雨水の浸入等による床版の劣化防止を目的に鋼道路橋の床版と橋面舗装との間に防水層を設ける作業である。

　このうち，市場単価ではコンクリート床版に対する橋面防水作業を適用範囲としている。

◆市場単価に含む？含まない？

シ ー ト 系 防 水（新設・補修）			
材　料	防水シートの費用	○	含む。
	接着剤（プライマー）の費用	○	含む。
	貼付用アスファルトの費用	○	含む。
	ドレーン材の費用	×	含まない。
	目地材の費用	×	含まない。
施　工	舗装部の切断・撤去の費用	×	含まない。
	床版面の補修・素地調整の費用	×	含まない。
	下地処理の費用	○	含む。レイタンス・塵埃の除去程度。
	接着剤塗布の費用	○	含む。
	貼付用アスファルト塗布の費用	○	含む。貼付用アスファルト塗布の有無は問わない。
	防水材貼付の費用	○	含む。
	端部処理の費用	○	含む。ドレーンおよび目地材設置の有無は問わない。
	廃材の処分費	×	含まない。

塗 膜 系 防 水（新設・補修）			
材　料	防水材の費用	○	含む。
	接着剤（プライマー）の費用	○	含む。
	骨材（硅砂）の費用	○	含む。
	ドレーン材の費用	×	含まない。
	目地材の費用	×	含まない。
施　工	舗装部の切断・撤去の費用	×	含まない。
	床版面の補修・素地調整の費用	×	含まない。
	下地処理の費用	○	含む。レイタンス・塵埃の除去程度。
	接着剤塗布の費用	○	含む。
	防水材貼付の費用	○	含む。
	端部処理の費用	○	含む。ドレーンおよび目地材設置の有無は問わない。
	廃材の処分費	×	含まない。

土木工事市場単価

◆適用できる？できない？

材　料			
シート系防水材	アスファルト系防水シートの場合	○	適用できる。
	低伸度等により，防水以外の効果を併せ持つシートの場合	×	適用できない。
塗膜系防水材	アスファルト系防水材の場合	○	適用できる。
	エポキシ樹脂系防水材の場合	×	適用できない。
	反応型防水材の場合	×	適用できない。
舗装系防水材の場合		×	適用できない。グースアスファルト・マスチック工法など。

施　工			
シート系防水	人力による流し張りの場合	○	適用できる。
	溶着機によるシート設置の場合	○	適用できる。
塗膜系防水	ローラーハケ等を使用した人力施工の場合	○	適用できる。
	吹付け機等を使用した機械施工の場合	×	適用できない。

対象構造物			
床版種	コンクリート床版の場合	○	適用できる。
	鋼床版の場合	×	適用できない。

◆Q＆A

Q	A
シート系防水材（アスファルト系）とは	不織布等の繊維シートに特殊アスファルトを含浸させ，シート状に成形した防水材。
塗膜系防水材（アスファルト系）とは	塗膜系防水材加熱型ともいう。特殊アスファルトを加熱溶融し，床版面に塗布することによって防水膜を形成する防水材。
下地処理とは	防水層を貼付または塗布するため，事前に行うコンクリート床版面のレイタンスおよび塵埃の除去作業。
端部の処理とは	立ち上がり部や排水ます付近，伸縮装置部等は，特に水の溜まりやすい箇所であるため，一般に網状のルーフィングや合成繊維の不織布と溶かした特殊アスファルト等を組み合わせて端部処理を行う。市場単価においては，この作業のほか，ドレーン材および目地材の設置もこの作業に含んでいる。なお，排水ますの削孔費用は含まない。
ドレーン材とは	床版排水材ともいう。主に舗装部と防水層との間に溜まった水分を排出するために設置される排水用材。立ち上がり部や伸縮装置部に設置されるのが一般的。素材は金物や樹脂製，テープ状のものなどさまざま。橋梁下部へ水分を排出するために設置される排水管や排水ますとは別物。

◆重複する補正係数の適用について

補正係数が重複する場合は下表に従い，適用する補正係数を選択する。

区　分	記　号	S_1	K_1	K_2
施 工 規 模	S_1		S_1	○
時 間 的 制 約	K_1	S_1		○
夜 間 作 業	K_2	○	○	

凡例

　○：重複して適用可能。

　－：重複して適用不可（一つのみ選択，重複することがないなど）。

　表中の記号：重複した場合に適用する記号。

（「本誌の利用にあたって」を参照）

◆直接工事費の算出例

〔例1〕施工条件：新橋架設工事に伴う床版防水新設工事　昼間施工，施工規模180㎡，時間的制約あり

💡　施工規模加算と時間的制約は重複しない

　　➡時間的制約を受けるが，施工規模が200㎡未満であるため，時間的制約補正(K_1)を適用せず，施工規模加算率(S_1)を適用する。

項目名称	規　格	数　量	単　位	単　価	金　額	備　考
橋面防水工	シート系防水新設	180	㎡	$Q=2{,}000\times(1+15/100)$ $=2{,}300$	414,000	参考値
材料費	ドレーン材	…	…	…	…	市場単価に含まない
	目地材	…	…	…	…	市場単価に含まない
合　計（直接工事費）床版工含まず					414,000	

Q：補正後の市場単価　$Q=P\times(1+S_0 \text{ or } S_1/100)\times(K_1\times K_2)$

P：標準の市場単価（掲載単価）　　　　S_n：加算率　　　K_n：補正係数

〔例2〕施工条件：道路打ち換え工事に伴う床版防水補修工事　夜間施工，施工規模180㎡，時間制約あり

💡　補修工事では夜間補正のみ適用

　　➡時間的制約を受け，施工規模も200㎡未満であるが，補修工事の場合はそのどちらにも補正係数を適用しない。夜間補正(K_2)のみを適用する。

項目名称	規　格	数　量	単　位	単　価	金　額	備　考
橋面防水工	塗膜系防水補修	180	㎡	$Q=1{,}990\times(1+15/100)$ $=2{,}288$	411,840	参考値
材料費	ドレーン材	…	…	…	…	市場単価に含まない
	目地材	…	…	…	…	市場単価に含まない
合　計（直接工事費）床版工含まず					411,840	

Q：補正後の市場単価　$Q=P\times(K_2)$

P：標準の市場単価（掲載単価）　　　　K_n：補正係数

◆1工事中でシート系防水と塗膜系防水を併用する場合の算出方法

　　シート系防水を200㎡，塗膜系防水を100㎡（合計300㎡）施工する新設工事の場合を例にすると，
　　施工規模加算は…1工事中のシート系・塗膜系それぞれの対象数量で適否を判定する。
　　　　　　　　　　　　　　↓
　　塗膜系防水には施工規模加算(S_1)を適用する。
　　　　　　　　　　　　　　↓
　　① シート系防水： P(標準単価)×200㎡(対象数量)
　　② 塗膜系防水： P(標準単価)×S_1(施工規模加算)×100㎡(対象数量)

◆参考図

【防水層の断面構成例】

(1) シート系防水

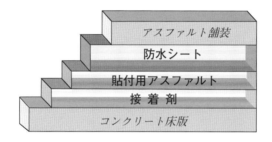

(2) 塗膜系防水(アスファルト系)

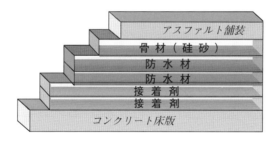

【ドレーン（床版排水材）および目地材の設置例】

(1) 平面図

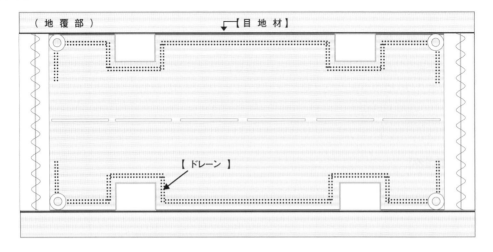

(2) 断面図

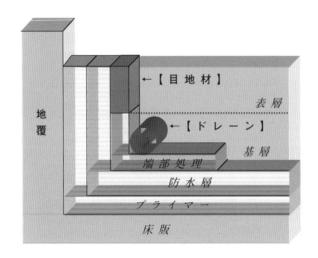

◆施工フロー：シート系防水

1．接着材塗布

2．防水材貼付

薄 層 カ ラ ー 舗 装 工

◆薄層カラー舗装工とは

　景観性，透水性，すべり抵抗性などの向上を目的に，アスファルト舗装，コンクリート舗装などの舗装面に，3〜15mm程度の厚みの樹脂舗装を舗設するものを薄層カラー舗装工という。樹脂モルタル舗装，景観透水性舗装は歩道や遊歩道に利用され，樹脂系すべり止め舗装は，坂道，曲線部のすべり止め舗装や，交差点，バスレーン，自転車レーン，ETCレーンなどのカラー舗装に利用されている。

◆市場単価に含む？含まない？

材　料・施　工		
主材料（バインダー，骨材）の費用	○	含む。
作業に必要となる雑材料（マスキングテープ等）の費用	○	含む。
下地調整の費用	×	含まない。はつり，サンダー掛け，さび落としおよび不陸整正のため。
一般の人や車両を誘導する交通誘導警備員の費用	×	含まない。

◆適用できる？できない？

材　料・施　工		
加熱混合系薄層カラー舗装の場合	×	適用できない。常温式にのみ適用できる。
型枠式カラータイル舗装の場合	×	適用できない。
斜路の場合	○	適用できる。標準単価を使用し，階段ステップ部の補正係数は適用しない。
壁面などの垂直面の場合	×	適用できない。平場にのみ適用できる。
補修（撤去）の場合	×	適用できない。現在の市場単価では既存の薄層カラー舗装を除去して，補修する工事の規格仕様を設定していない。
樹脂系すべり止め舗装における補正係数K_5	△	RPN-102，104，202，204，302，304，402，502，601，602には適用できない。

◆Q & A

Q	A
下地処理とは	施工面にあるゴミ，泥，ほこりなど，簡易な清掃のこと。
下地調整とは	はつり，サンダー掛け，さび落とし，または，不陸整正のこと。
ゼブラとは	縞模様の施工である。
Wゼブラとは	縞模様の間に異なる色の縞模様を施工する方法である。
ゼブラの場合の設計数量は	塗布する部分の面積を計上する。
施工面の新設と既設の区分は	舗装面の新旧で，供用と未供用の区分に近いものである。オーバーレイした場合は新設に区分するが，舗装後何日という区分はない。
キラキラとは	炭化珪素質硬質骨材で，太陽光や車のライトによりキラキラと反射する。
樹脂系すべり止め舗装の骨材色の「カラー」の定義は	（一社）樹脂舗装技術協会の工法規格で対象になっているのは，茶褐色，黄，緑，青，白の5色で，市場単価の適用もこれに準ずる。
階段ステップ部とは	階段の踏み面。踊場も階段ステップ部に分類する。

◆重複する補正係数の適用について

補正係数が重複する場合は下表に従い，適用する補正係数を選択する。

区　　分	記　号	S_1	K_1	K_2	K_3	K_4	K_5	K_6	K_7	K_8
施　工　規　模	S_1		S_1	○	K_3	○	○	○	○	○
時　間　的　制　約	K_1	S_1		○	○	○	○	○	○	○
夜　間　作　業	K_2	○	○		○	○	○	○	○	○
階段ステップ部	K_3	K_3	○	○		－	－	－	－	－
既設アスファルト面	K_4	○	○	○	－		－	○	○	○
コンクリート面	K_5	○	○	○	－	－		○	○	○
トップコート無し	K_6	○	○	○	－	○	○		○	○
施工幅員が0.5m超1.0m以下の場合	K_7	○	○	○	－	○	○	○		－
施工幅員が0.5m以下の場合	K_8	○	○	○	－	○	○	○	－	

凡例

　○：重複して適用可能。

　－：重複して適用不可（一つのみ選択，重複することがないなど）。

　表中の記号：重複した場合に適用する記号。

（「本誌の利用にあたって」を参照）

◆直接工事費の算出例

〔例1〕施工条件：樹脂系すべり止め舗装工（RPN-301）施工規模加算あり・時間制約あり

➡施工規模加算率と時間的制約を受ける場合の補正係数が重複する場合は，施工規模加算率のみを適用する。

項目名称	規　格	数　量	単　位	単　価	金　額	備　考
樹脂系すべり止め舗装工	RPN-301	80	㎡	Q＝5,500×（1＋20/100）＝6,600	528,000	参考値
合　計　（直接工事費）					528,000	

Q：補正後の市場単価　　$Q＝P×(1＋S_0 \text{ or } S_1/100)×(K_1×K_2×K_4×K_5×K_6×K_7)$

P：標準の市場単価（掲載単価）　　　Sn：加算率　　　Kn：補正係数

◆１工事中に複数の規格仕様がある場合

💡 施工規模の判定に注意

　　１工事中に複数の規格・仕様がある場合は，加算率・補正係数表の区分に従って適用する。

〔例２〕施工条件：１工事中に樹脂系すべり止め舗装工のRPN-101とRPN-301が各々，50㎡，100㎡。樹脂モルタル舗装工の舗装厚6㎜以下が30㎡。

　　　➡対象数量は区分ごとに，次のように判定する。
　①樹脂系すべり止め舗装工は合計数量の150㎡（RPN-101 50㎡＋RPN-301 100㎡）
　　　➡標準（100㎡以上）のため，施工規模加算の対象とはならない。
　②樹脂モルタル舗装工は30㎡➡施工規模加算S_1（50㎡未満）の対象となり，加算率は20％

◆樹脂モルタル舗装工において，階段ステップ部が含まれる場合

　　階段ステップ部の補正を行った場合は，施工規模加算率は適用しないが，一般部の施工規模加算率の判定は，一般部と階段ステップ部の合計数量で行う。

〔例３〕施工条件：樹脂モルタル舗装工において，全体施工数量は40㎡だが，階段ステップ部として10㎡が含まれる。

💡 特殊な規格仕様と補正の適用

　　　➡施工規模の判定は，全体数量の40㎡で行う（施工規模加算率（S_1）を適用する）。
　①一般部（30㎡）　　　：標準の市場単価（P）×施工規模加算率（S_1）×施工数量（30㎡）
　②階段ステップ部（10㎡）：標準の市場単価（P）×階段ステップ部（K_3）×施工数量（10㎡）

◆「樹脂系すべり止め舗装工」規格・仕様一覧表

規格・仕様		施 工 面	内 容	トップコートの有無	仕上げ区分	備 考
RPN－101	車道	密粒アスファルト面（新設）	黒	無	全面施工	
RPN－102	車道	排水性アスファルト面（新設）	黒	無	全面施工	排水機能なし
RPN－103	車道	密粒アスファルト面（新設）	黒	無	ゼブラ施工	
RPN－104	車道	排水性アスファルト面（新設）	黒	無	ゼブラ施工	排水機能なし
RPN－201	車道	密粒アスファルト面（新設）	炭化珪素質（キラキラ）	無	全面施工	カラーキラキラを含む
RPN－202	車道	排水性アスファルト面（新設）	炭化珪素質（キラキラ）	無	全面施工	カラーキラキラを含む 排水機能なし
RPN－203	車道	密粒アスファルト面（新設）	炭化珪素質（キラキラ）	無	ゼブラ施工	カラーキラキラを含む
RPN－204	車道	排水性アスファルト面（新設）	炭化珪素質（キラキラ）	無	ゼブラ施工	カラーキラキラを含む 排水機能なし
RPN－301	車道	密粒アスファルト面（新設）	カラートップ	有	全面施工	
RPN－302	車道	排水性アスファルト面（新設）	カラートップ	有	全面施工	排水機能なし
RPN－303	車道	密粒アスファルト面（新設）	カラートップ	有	ゼブラ施工	
RPN－304	車道	排水性アスファルト面（新設）	カラートップ	有	ゼブラ施工	排水機能なし
RPN－401	車道,ETCレーン	密粒アスファルト面（新設）	カラートップ	有	Wゼブラ	
RPN－402	車道,ETCレーン	排水性アスファルト面（新設）	カラートップ	有	Wゼブラ	排水機能なし
RPN－501	歩道,自転車道	密粒アスファルト面（新設）	カラートップ	有	全面施工	
RPN－502	歩道,自転車道	透水性アスファルト面（新設）	カラートップ	有	全面施工	透水機能なし
RPN－601	車道	排水性アスファルト面（新設）	排水性ニート	有	全面施工	排水機能あり
RPN－602	車道	排水性アスファルト面（新設）	排水性ニート	有	ゼブラ施工	排水機能あり

＜樹脂系モルタル舗装用材　参考製品＞

メーカー名（五十音順）	製品名
鹿島道路（株）	クリーンフロア
コスモエネルギーソリューションズ（株）	アスコサイトSK
世紀東急工業（株）	アーバンデッキサンド
日進化成（株）	ユーカラー
ニチレキ（株）	カラーファルトKT
日本道路（株）	レインボーカラーSK
美州興産（株）	セラレジンEF
前田道路（株）	レジペイブ

＜景観透水性舗装用材　参考製品＞

メーカー名（五十音順）	製品名
鹿島道路（株）	クリーンポーラス
サンユレック（株）	サンユロードR
世紀東急工業（株）	アーバングラベル
日進化成（株）	ポーラスグラベル
ニチレキ（株）	カラーファルトTO
日本道路（株）	レインボーミックスNS
美州興産（株）	アクアペイブ
前田道路（株）	ペブルコート

＜樹脂系すべり止め舗装用材　（一社）樹脂舗装技術協会　認定製品＞

◆樹脂系バインダ（可塑性エポキシ樹脂〔EPN〕，MMA系樹脂〔MPN〕）

メーカー名（五十音順）	製品名	認定番号	EPN	MPN
アイレジン（株）	アルトバインダー	M22001	◎	
アトミクス（株）	アトムハードカラーEPO	M04012	◎	
	アトムハードカラーCP	M11004		◎
大崎工業（株）	エポーラP	M08001	◎	
	アクリダイト	M11005		◎
コスモエネルギーソリューションズ（株）	アスコサイトSKU	M04010	◎	
コバヤシ	KBバインダー	M21001	◎	
サンユレック（株）	ニューバインダー	M17006	◎	
神東塗料（株）	SPロード	M04021	◎	
	SPロードT	M04022	◎	
	SPロードT（冬季用）	M04023	◎	
	SPロードM	M11002		◎
日進化成（株）	タイストップ	M04018	◎	
	タイストップTSD-WM	M11003		◎
ニチレキ（株）	コールカットR-1	M18001	◎	
	コールカットR-1	M18002	◎	
	コールカットR-2	M18003		◎
日本ライナー（株）	ニッペーブRSニート	M14001	◎	
美州興産（株）	セラグリップE-1000	M17005	◎	
	セラグリップMD-06	M11001		◎

◆硬質骨材（黒色硬質骨材〔EAN〕，着色磁器質骨材〔CAN〕，炭化珪素質骨材〔SAN〕）

メーカー名（五十音順）	製品名	認定番号	EAN	CAN	SAN
（株）アイテック	セラカラー	M10001		◎	
ニチレキ（株）	ロードセラム	M16001		◎	
大銑産業（株）	エコエメリー	M17004	◎		
	セラロードH	M04009		◎	
	セラキラ	M17003			◎
早川商事（株）	セラペブル	M04007		◎	
	ハードカラーセラ	M04008		◎	
美州興産（株）	セラサンド	M04001		◎	
	スーパーシノパール極光	M04002			◎

◆プライマー（可塑性エポキシ樹脂用〔PPN〕，MMA系樹脂用〔PPN-M〕）

メーカー名（五十音順）	製品名	認定番号	PPN	PPN-M
アトミクス（株）	アトムプライマー#800	M04011	◎	
	CP用コンクリートプライマー	M12001		◎
大崎工業（株）	プライマーEP#300	M08002	◎	
	AD-80	M13001		◎
神東塗料（株）	浸透性エポキシシーラー	M04020	◎	
日進化成（株）	NEPプライマー	M04017	◎	
美州興産（株）	BK-230	M12002		◎

◆トップコート（トップコート〔TPN〕）

メーカー名（五十音順）	製品名	認定番号
アトミクス（株）	ハードカラーEPOトップ	M04013
	アトムハードカラーEM（速乾）	M14003
神東塗料（株）	ロードカラー#200	M04024
	速乾水性ロードカラー	M06001
	SPリフレクターW	M06002
	速乾水性トップ	M14002
日進化成（株）	カラーマックス	M04019
日本ライナー（株）	ニッペーブRSカラーA	M11007
	ニッペーブRSカラーW速乾	M23001

◆写真で見る薄層カラー舗装工の施工手順

◎樹脂系すべり止め舗装工

１．下地処理（清掃作業）・マスキング処理（規格仕様の区分によって施工）

２．樹脂バインダー散布

３．骨材の散布

4．トップコート塗布（規格・仕様の区分によって施工）

5．仕上げ・養生

❖ 用 語 解 説 ❖

RPN（あーるぴーえぬ）
（一社）樹脂舗装技術協会が定めた樹脂系すべり止め舗装の工法規格の名称。Resin Pavement Neat の頭文字をとったもの。
→樹脂系すべり止め舗装，ニート工法

可撓性エポキシ樹脂（かとうせいえぽきしじゅし）
エポキシ樹脂とは，エポキシ基をもつ合成樹脂で，接着性が極めて強力なもの。可撓性とは，撓（たわ）む性質をもっていること。可撓性エポキシ樹脂を使用した樹脂舗装は硬化後の伸縮能力が高く，下地舗装の熱膨張や収縮等の変形に追従する。

景観透水性舗装（けいかんとうすいせいほそう）
エポキシ樹脂と骨材（自然石，セラミック骨材等）を使用したモルタルを，コテ仕上げによって路面に舗設する工法。
→モルタル

景観透水性舗装工

～1.5cm

樹脂系すべり止め舗装（じゅしけいすべりどめほそう）
可撓性エポキシ樹脂を使用したニート工法によるすべり止め舗装のこと。樹脂舗装技術協会では，施工面，骨材色，施工形状等により18の工法規格を定め，RPN番号をつけて区分している。市場単価はこの18の工法規格を対象としている。
→ニート工法，RPN

樹脂系すべり止め舗装工

～0.5cm

樹脂モルタル舗装（じゅしもるたるほそう）
可撓性エポキシ樹脂と骨材（硅砂，着色磁器質骨材等）を使用したモルタルを，コテ仕上げによって路面に舗設する工法。
→モルタル

樹脂モルタル舗装工

～1.0cm

ニート工法（にーとこうほう）
路面に可撓性エポキシ樹脂を薄く均一に塗布し，その上に耐摩耗性のある硬質骨材を散布して路面に固着させる工法のこと。
「ニート」は英語のneatで，顔料その他の混ぜ物をしない樹脂のみの材料をニートレジン（neat resin）ということから，それを使用する舗装の技術工法をニート工法と呼ぶ。
→樹脂系すべり止め舗装，可撓性エポキシ樹脂

不陸整正（ふりくせいせい）
路盤・路床面等の凸凹をならして平らにすること。

モルタル（もるたる）
薄層カラー舗装工で使用するモルタルとは，自然石，硅砂，着色磁器質骨材等の骨材とバインダー（エポキシ樹脂）を混ぜて練った舗装材。
【英語：mortar】

グ ル ー ビ ン グ 工

◆グルービング工とは

　グルービング工（安全溝工）とは，路面凍結抑制，路面排水の促進，スリップ防止を期待される工法である。市場単価では，道路グルービングのみ適用でき，空港グルービングは適用できない。

◆市場単価に含む？含まない？

材　料・施　工		
廃棄物の運搬・処分費	×	含まない。運搬車輛への積込みは含む。

◆適用できる？できない？

施　工		
空港の滑走路，誘導路のグルービングの場合	×	適用できない。市場単価は道路グルービングにのみ適用できる。
道路曲線部への施工の場合	○	適用できる。
樹脂等を充填するグルービングの場合	×	適用できない。
未供用区間への施工の場合	×	適用できない。

◆重複する補正係数の適用について

　補正係数が重複する場合は下表に従い，適用する補正係数を選択する。

区　分	記号	S_1	K_1
施　工　規　模	S_1		○
舗　装　面	K_1	○	

凡例
　○：重複して適用可能。
　－：重複して適用不可（一つのみ選択，重複することがないなど）。
　表中の記号：重複した場合に適用する記号。
（「本誌の利用にあたって」を参照）

◆直接工事費の算出例

〔例1〕施工条件：施工規模加算あり

項目名称	規格	数量	単位	単価	金額	備考
縦方向グルービング工	幅9mm深さ6mm 間隔60mm	50	m²	Q＝1,800×(1＋20/100) ＝2,160	108,000	参考値
合　計（直接工事費）					108,000	

Q：補正後の市場単価　　Q＝P×(1＋S_0 or S_1/100)×(K_1)
P：標準の市場単価（掲載単価）　　　S_n：加算率　　　K_n：補正係数

◆設計・積算・施工等における留意事項

（1）施工面の有害物除去を行う。また，必要に応じて不陸の修正，不良部分の除去を行う。

◆参考資料

湿式グルービングの施工機械

ターゲットグルーバー（PGM3000型）

特装車（水槽，給水，バキューム，汚泥分離器，高圧散水設備）

乾式グルービングの施工機械

ドライグルーバー（DG-600D型）

コンクリート表面処理工 (ウォータージェット工)

◆コンクリート表面処理工 (ウォータージェット工) とは

ウォータージェット工法を用いて，健全な既設コンクリート構造物の表面を粗にすること (目粗し) を目的とした作業である。

◆市場単価に含む？含まない？

材　料・施　工		
足場工，防護工	×	含まない。
清水の費用	○	含む。
濁水処理の費用	○	含む。トンネル工事等で濁水処理費を別途計上としている場合は，補正係数 (K₄) を使用する。
濁水処理によって発生した沈殿物の処分費	×	含まない。

◆適用できる？できない？

施　工		
コンクリート劣化部除去を目的とする場合	×	適用できない。
コンクリート面以外に適用する場合	×	コンクリート面の表面処理以外には適用できない。
コンクリート面に保護塗装等が施されている場合	×	適用できない。
洗浄，異物除去等を目的とする場合	×	適用できない。
鉄筋の切断を目的とする場合	×	適用できない。
配筋部におよぶ作業の場合	×	適用できない。
構造物の打ち抜き，削孔を目的とする場合	×	適用できない。
区画線消去を目的とする場合	×	適用できない。市場単価『区画線工』の区画線消去を適用する。

◆Q & A

Q	A
施工に使用する水 (清水等) を支給する場合，市場単価を適用しても良いか	水のみを支給する場合は市場単価の適用は可能。給水車等も併せて支給 (貸与) する場合は適用できない。
施工機械の限定はあるのか	問わない。

◆重複する補正係数の適用について

補正係数が重複する場合は下表に従い，適用する補正係数を選択する。

区　　　分	記号	S_1	S_2	K_1	K_2	K_3	K_4
施　工　規　模	S_1		－	S_1	○	○	○
	S_2	－		S_2	○	○	○
時　間　的　制　約	K_1	S_1	S_2		○	○	○
夜　間　作　業	K_2	○	○	○		○	○
上向き施工の場合	K_3	○	○	○	○		○
濁水処理費用を別途計上する場合	K_4	○	○	○	○	○	

凡例

　○：重複して適用可能。

　－：重複して適用不可（一つのみ選択，重複することがないなど）。

　表中の記号：重複した場合に適用する記号。

　（「本誌の利用にあたって」を参照）

◆直接工事費の算出例

〔例1〕 施工条件：施工規模加算あり・時間的制約あり

➡施工規模加算率と時間的制約を受ける場合の補正係数が重複する場合は，施工規模加算のみを適用する。

項目名称	数　量	単　位	単　価	金　額	備　考
コンクリート表面処理工	400	㎡	Q＝4,000×(1＋20/100) ＝4,800	1,920,000	参考値
合　計（直接工事費）				1,920,000	

Q：補正後の市場単価　$Q＝P×(1＋S_0\ or\ S_1\ or\ S_2/100)×(K_1×K_2×K_3×K_4)$

P：標準の市場単価（掲載単価）　　　Sn：加算率　　　Kn：補正係数

◆設計・積算・施工等における留意事項

（1）表面処理水の流出防止に留意する。

軟 弱 地 盤 処 理 工

写真・図の出典：(株) 不動テトラ

◆軟弱地盤処理工とは

軟弱地盤処理工には，サンドドレーン工とサンドコンパクションパイル工とがある。

サンドドレーン工は，連続した砂柱を造成して，軟弱地盤の間隙比を減少させ，圧密促進を図り，地盤の強度を増加させる工法。

サンドコンパクションパイル工も同様に砂杭を造成する工法であるが，サンドドレーン工と異なり，造成工程においてケーシングパイプを引き上げて砂等の材料をパイプ先端から土中に排出した後，ケーシングパイプ全体を打ち戻して拡径締固めを行う。

◆市場単価に含む？含まない？

材 料・施 工 等		
砂杭を形成する砂または砕石の費用	×	含まない。
土木安定シートの費用	×	含まない。
サンドマットの費用	×	材料費，施工費共に含まない。
機械経費	○	クローラー式サンドパイル打機，空気圧縮機，空気槽，発動発電機，トラクタシャベル等に係わる費用。
サンドパイル打機の分解・組立・運搬費	×	含まない。共通仮設費で計上。
敷鉄板の費用	○	含む。設置・撤去・移設の費用も含む。

◆適用できる？できない？

施 工		
打設長が35m以上の場合	×	適用できない。
杭径が極端に太いまたは細い場合	×	適用できない。
グラベルドレーン（ドレーン材に砕石を使用）の場合	○	適用できる。ただし，砕石の材料費は別途計上。
静的締固工法（オーガ方式による砂杭造成工法）の場合	×	適用できない。
砂地盤を対象とする場合	×	適用できない。

◆Q＆A

Q	A
サンドマットとは何か	軟弱地盤上に設ける厚さ0.5〜1.2m程度の敷砂。軟弱地盤上部の排水層や重機のトラフィカビリティ（走行性）を確保するためのもの。

◆重複する補正係数の適用について

補正係数が重複する場合は下表に従い，適用する補正係数を選択する。

区　分	記　号	S_1	K_1	K_2
施　工　規　模	S_1		S_1	○
時　間　的　制　約	K_1	S_1		○
夜　間　作　業	K_2	○	○	

凡例

　○：重複して適用可能。

　－：重複して適用不可（一つのみ選択，重複することがないなど）。

　表中の記号：重複した場合に適用する記号。

　（「本誌の利用にあたって」を参照）

◆直接工事費の算出例

〔例〕施工条件：施工規模が3,000m未満で以下の図のような条件の場合

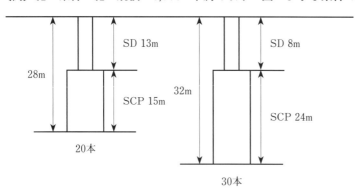

項目名称	規　格	数量	単位	単　価	金　額	備　考
SCP　15m	20m以上35m未満	20	本	$Q=3,620×(1+15/100)×15×1.0$ $=62,445$	1,248,900	参考値
SD　13m	20m以上35m未満	20	本	$Q=1,500×(1+15/100)×13×1.0$ $=22,425$	448,500	参考値
SCP　24m	20m以上35m未満	30	本	$Q=3,620×(1+15/100)×24×1.0$ $=99,912$	2,997,360	参考値
SD　8m	20m以上35m未満	30	本	$Q=1,500×(1+15/100)×8×1.0$ $=13,800$	414,000	参考値
合　計（直接工事費）					5,108,760	

Q：補正後の市場単価　$Q=P×(1+S_0 \text{ or } S_1/100)×(K_1×K_2)$

P：標準の市場単価（掲載単価）　　　S_n：加算率　　　K_n：補正係数

◆設計・積算・施工等における留意事項

（1）騒音，振動，防塵の低減に留意する。

◆サンドドレーン工法の原理

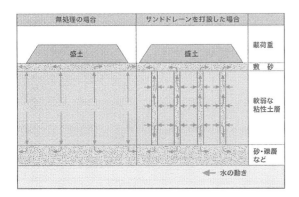

軟弱な粘性土地盤中に透水性の高いドレーン材を鉛直に打設し，土中の水分（過剰間隙水圧）の排水距離を短縮し，ドレーン打設後に盛土を設置した時の荷重により効率よく水分を排水させることで，地盤の圧密を促進させて地盤強度の増加を図る。

◆サンドドレーン工施工図

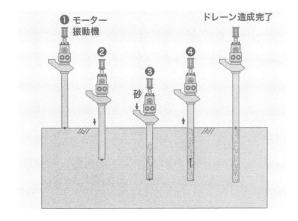

①ケーシングパイプを所定位置に据える。

②振動機を起動してケーシングパイプを地中に貫入する。

③所定深度に達すると上部に備えられたホッパーからケーシング内に砂を投入する。

④ケーシングパイプを地上まで引き抜き，サンドドレーンを仕上げる。

◆サンドコンパクションパイル工施工図

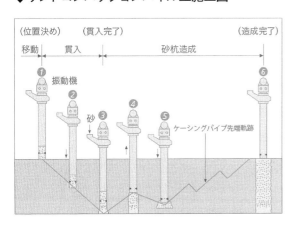

①ケーシングパイプを所定位置に据える。

②振動機を起動してケーシングパイプを地中に貫入する。

③所定深度に達すると上部に備えられたホッパーからケーシング内に砂を投入する。

④ケーシングパイプを規定の高さに引き上げながら，ケーシングパイプ内の砂を圧縮空気を使用しながら排出する。

⑤ケーシングパイプを打ち戻し，排出した砂柱を締め固める。

⑥④〜⑤を繰返し，所定の深さまで砂杭を造成する。

◆写真で見る軟弱地盤処理工事の施工手順

１．位置決め

４．砂投入（移動バケット→ケーシングパイプ内部）

２．ケーシングパイプの貫入

５．ケーシングパイプの引抜

３．砂投入（ショベル→移動バケット）

適 用 基 準 等 の 解 説

目　次

土木工事市場単価

下水道工事市場単価

港湾工事市場単価

土木工事標準単価

新旧対比表

硬質塩化ビニル管設置工

リブ付硬質塩化ビニル管設置工

◆硬質塩化ビニル管設置工，リブ付硬質塩化ビニル管設置工とは

　一般家庭や事業者から排出される汚水を排除するための硬質塩化ビニル管およびリブ付硬質塩化ビニル管による管きょを設置する工事。ここでは開削工事を対象としている。

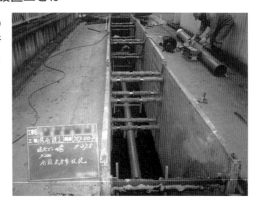

◆市場単価に含む？含まない？

	材　料・施　工	
マンホール用可とう継手の費用	×	含まない。
掘削・埋戻し・発生土処理費（積込・運搬・処分費）	×	含まない。
据付に必要な接着剤の費用	○	含む。
現場内小運搬の費用	○	含む。

◆適用できる？できない？

	材　料	
本管がヒューム管，陶管の場合	×	適用できない。
圧力管，VP管（JSWAS K-1以外）を使用する場合	×	適用できない。
一部に曲管を使用する場合	○	適用できる。

◆Q＆A

Q	A
マンホール用可とう継手を設置する場合，材料費のみを別途計上するのか	材料費，設置費とも計上する。
自然流下下水道管の標準的なスパンを構成する材料とは	VU-SRA-ST，MR，MSAである。

◆重複する補正係数の適用について

区　分	記　号	S_1	K_1	K_2
施 工 規 模	S_1		S_1	○
時 間 的 制 約	K_1	S_1		○
夜 間 作 業	K_2	○	○	

凡例

　○：重複して適用可能。

　－：重複して適用不可（一つのみ選択，重複することがないなど）。

　表中の記号：重複した場合に適用する記号。

（「本誌の利用にあたって」を参照）

◆小規模補正等の算出例

〔例〕施工条件：施工規模加算あり　また時間的制約等，他の補正条件はなし

【算出例】

項目名称	規　格	数　量	単　位	単　価	金　額	備　考
硬質塩化ビニル管設置工	呼び径150mm	8	m	$Q=3,000×(1+10/100)×(1.0)$ $=3,300$	26,400	参考値
硬質塩化ビニル管設置工	呼び径200mm	10	m	$Q=3,600×(1+10/100)×(1.0)$ $=3,960$	39,600	参考値
			合計（直接工事費）		66,000	

Q：補正後の市場単価　$Q=P×(1+S_0$ or $S_1/100)×(K_1×K_2)$

P：標準の市場単価（掲載単価）　　　Sn：加算率　　　Kn：補正係数

◆設計・積算・施工等における留意事項

（1）管の中心線，勾配および管底高を正確に保ち，漏水，不陸，偏心等が生じないようにしなければならない。

（2）地盤の状況により，管が変位する場合があるので留意する。

（3）吊降ろしは，管が矢板や切梁などに接触し，きずがつかないよう慎重に行う。

（4）滑剤にはゴム輪接合専用滑剤を使用し，グリース，油等を用いてはならない。

（5）接着接合においては，接着剤を受口内面および差口外面の接合面に素早く均一に塗らなければならない。

（6）管の挿入については，挿入機または，てこ棒を使用しなければならない。

◆施工フロー

①管設置工（布設）

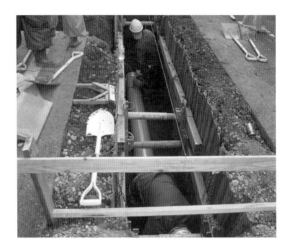

②管設置工（切断）

③管設置工（接合）

砂　基　礎　工

砕　石　基　礎　工

◆砂基礎工，砕石基礎工とは

　管きょを設置するための基礎工。ここでは砂および砕石基礎を対象としている。

◆市場単価に含む？含まない？

	材　料・施　工	
掘削・埋戻し・発生土処理費（積込・運搬・処分費）	×	含まない。
基礎材の材料費	×	含まない。
基礎材の設置費	○	含む。

◆適用できる？できない？

	施　工	
立杭基礎を設置する場合	×	適用できない。
はしご胴木基礎を設置する場合	×	適用できない。
管周りの基礎を設置する場合	○	適用できる。

◆Q&A

Q	A
市場単価に材料費は含まれていないが，改良土や再生材を設置する場合に市場単価を適用できるか	適用できる。

◆重複する補正係数の適用について

区　分	記号	S_1	K_1	K_2
施 工 規 模	S_1		S_1	○
時 間 的 制 約	K_1	S_1		○
夜 間 作 業	K_2	○	○	

凡例

　　○：重複して適用可能。

　　－：重複して適用不可（一つのみ選択，重複することがないなど）。

　　表中の記号：重複した場合に適用する記号。

（「本誌の利用にあたって」を参照）

◆小規模補正等の算出例

〔例〕施工条件：施工規模加算あり　また時間的制約等，他の補正条件はなし

【算出例】

項目名称	規　格	数　量	単　位	単　価	金　額	備　考
砂基礎工	機械施工	8	m^3	$Q=2,000 \times (1+10/100) \times (1.0)$ $=2,200$	17,600	参考値
		合　計（直接工事費）（手間のみ）			17,600	

Q：補正後の市場単価　$Q = P \times (1 + S_0 \text{ or } S_1/100) \times (K_1 \times K_2)$

P：標準の市場単価（掲載単価）　　　　Sn：加算率　　　　Kn：補正係数

◆設計・積算・施工等における留意事項

（1）基礎選定は，管種，土質，土被り，土留矢板の引抜きの有無等により適正に選定する。

（2）投入，敷均し，締固めの積算数量は，締固め後の土量とする。

（3）基礎の施工が不十分な場合は，管路のたわみ，蛇行，偏平などの不具合が生じやすいため，入念に施工する。

（4）基床部において，基礎材を均一に敷均し，管据付面の計画高さに合わせてタンパなどで十分に締固める。

（5）基床部と管の隙間（管底側部）は，基礎材がまわり込みにくく，締固め不足が生じやすいため管側部の施工に先立ち，基礎材を十分充填し，突き棒などで入念に突き，締固める。

（6）基礎材のまき出しは，管が移動しないよう左右均等に行う。

◆施工フロー

①管基礎工（基礎材投入）

②管基礎工（敷均し/締固め）

③管基礎工（敷均し/締固め）

組立マンホール設置工

◆**組立マンホール設置工とは**

　マンホールとは, 公道に布設した公共下水道（本管）の, 維持・管理等を行うための点検口を指し,「人孔」とも表記する。組立マンホール（組立人孔）とは, コンクリート二次製品のマンホールを指し, さまざまなタイプのマンホールが製造・販売されている。

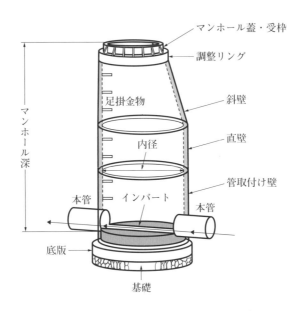

◆**市場単価に含む？含まない？**

材 料 ・ 施 工		
基礎材の材料費	×	含まない。
基礎材の設置費	○	基礎厚20cm以内の設置手間は含む。
ブロック本体の材料費	×	含まない。
掘削・埋戻し・発生土処理費（積込・運搬・処分費）	×	含まない。
インバート工事費	×	含まない。

◆**適用できる？できない？**

施 工		
楕円（600×900）マンホールを設置する場合	○	適用できる。
場所打マンホールを設置する場合	×	適用できない。

◆**Q & A**

Q	A
蓋および受枠の設置手間, 材料費は含まれるか	設置手間に関しては含まれる。材料費に関しては別途計上となる。

◆重複する補正係数の適用について

区　分	記　号	S_1	K_1	K_2
施 工 規 模	S_1		S_1	○
時 間 的 制 約	K_1	S_1		○
夜 間 作 業	K_2	○	○	

凡例

　　○：重複して適用可能。

　　－：重複して適用不可（一つのみ選択，重複することがないなど）。

　　表中の記号：重複した場合に適用する記号。

　（「本誌の利用にあたって」を参照）

◆小規模補正等の算出例

〔例〕施工条件：施工規模補正あり　また時間的制約等，他の補正条件はなし

　➡施工規模加算と時間的制約を受ける場合の補正が重複する場合は，施工規模加算のみを対象とする。

【算出例】

項目名称	規　格	数量	単　位	単　価	金　額	備　考
0号	マンホール深さ２ｍ以下	1	箇所	$Q=22,000×(1+15/100)×(1.0)$ $=25,300$	25,300	参考値
1号	マンホール深さ３ｍ以下	2	箇所	$Q=27,000×(1+15/100)×(1.0)$ $=31,050$	62,100	参考値
合計（直接工事費）（手間のみ）					87,400	

Q：補正後の市場単価　$Q=P×(1+S_0 \text{ or } S_1/100)×(K_1×K_2)$

P：標準の市場単価（掲載単価）　　　S_n：加算率　　　K_n：補正係数

◆設計・積算・施工等における留意事項

（1）部材の吊降ろしは，部材により吊り方が異なる場合もあるので，専用の吊り具を使用する。

（2）基礎工は，十分な転圧を行い，高さと水平度を正確に仕上げる。

（3）マンホールの接合部を清掃し，止水コーキングを確実に行う。

（4）底版を水平に設置し，継手からの漏水のないよう垂直に施工を行う。

（5）埋戻し作業は周囲が均等になるように，所定の厚さごとに転圧を繰返しながら行い，一方向から急激な埋戻しは行ってはならない。

（6）本設置工には削孔費は含まれない。マンホール流出口についての削孔費は，1箇所のみ製品価格に含まれているが，それ以外の流入口の削孔費等は必要に応じて，別途計上となる。

（7）マンホール用可とう継手は原則として出荷工場で取付けて施工現場に納入されるが，材料費，設置費は別途計上となる。

◆施工フロー

①基礎工

②マンホール設置（底版設置工）

③マンホール設置（斜壁設置工）

小型マンホール工 (塩化ビニル製)

◆小型マンホール工 (塩化ビニル製) とは

　小型マンホールとは，公道に布設した公共下水道（本管）の，維持・管理等を行うための点検口を指し，人が通る必要のない小さな点検口に主に使用される。

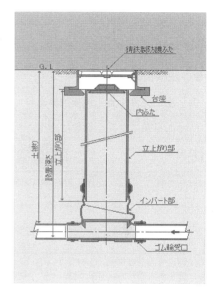

◆市場単価に含む？含まない？

	材 料・施 工	
基礎材の材料費および設置費	○	基礎材の有無は問わない。また種別，施工厚も問わない。
掘削・埋戻し・発生土処理費(積込・運搬・処分費)	×	含まない。
塩ビ製蓋の材料および設置費	○	含む。

◆適用できる？できない？

	施 工	
施工コンクリート製およびレジンコンクリート製の小型マンホールを設置する場合	×	適用できない。

◆Q & A

Q	A
設置・撤去作業が人力で行われても，機械施工であっても，どちらにも適用できるか	どちらにも適用できる。

◆重複する補正係数の適用について

区　分	記　号	S_1	K_1	K_2
施 工 規 模	S_1		S_1	○
時間的制約	K_1	S_1		○
夜 間 作 業	K_2	○	○	

凡例
　　○：重複して適用可能。
　　－：重複して適用不可（一つのみ選択，重複することがないなど）。
　　表中の記号：重複した場合に適用する記号。
　（「本誌の利用にあたって」を参照）

◆小規模補正等の算出例

〔例〕施工条件：施工規模加算あり　また時間的制約等，他の補正条件はなし

　➡加算額には補正係数は適用されない。

【算出例】

項目名称	規　格	数　量	単　位	単　価	金　額	備　考
小型マンホール 径300	マンホール深さ2m 以下　本管径150	4	箇所	$Q=39,000\times(1+10/100)\times(1.0)$ $=42,900$	171,600	参考値
加算額	鋳鉄製防護蓋設置費	4	箇所	$Q=580$	2,320	参考値
				合計（直接工事費）	173,920	

Q：補正後の市場単価　　$Q=P\times(1+S_0 \text{ or } S_1/100)\times(K_1\times K_2)$
P：標準の市場単価（掲載単価）　　　　Sn：加算率　　　　　Kn：補正係数

◆設計・積算・施工等における留意事項

　（1）小型マンホールに接続する本管の勾配，軸心，高さのチェックは慎重に行う。
　（2）基礎工は，十分な転圧を行う。
　（3）塩ビ管の接続部は漏水の原因となる異物が無いよう清掃して接続する。
　（4）埋戻し時に管が動いたり浮き上がったりしないように固定する。
　（5）埋戻し部は，締固め性の良い材料を用いる。
　（6）埋戻し時は，一層ごとに入念に締固め，供用後の沈下を防止する。
　（7）小型マンホールに使用する鋳鉄製防護蓋は，通行車両の総重量に応じた規格（T-25, T-14, T-8）
　　　を選定する。

小型マンホール　インバート部の種類

設置場所	種　類	略　図	略　号	市場単価 対応規格
起点	起点		KT	
中間点	ストレート		ST	
屈曲点	90度曲り（右・左）		90L	起点 および 中間形式
	75度曲り（右・左）		75L	
	60度曲り（右・左）		60L	
	45度曲り（右・左）		45L	
	30度曲り（右・左）		30L	
	15度曲り（右・左）		15L	
落差点	ドロップ		DR	
落差点	起点形ドロップ		KDR	起点落差形式
合流点	90度合流（右・左）		90Y	底部会合形式
	45度合流（右・左）		45Y	

◆施工フロー

①マンホール設置工（据付）

②マンホール設置工（立上り部接合）

③鋳鉄製防護蓋設置

取付管およびます工(塩化ビニル製)

◆取付管およびます工(塩化ビニル製)とは

　ます工とは,公道に布設した公共下水道（本管）と,各家庭の排水設備を接続するための公設ますを設置する工事である。取付管布設工とは，公設ますから汚水を本管まで落とし込む管を布設する工事である。

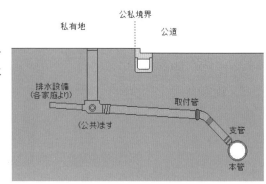

◆市場単価に含む？含まない？

ます工		
基礎材の材料費および設置費	○	基礎材の有無は問わない。また種別，施工厚も問わない。
掘削・埋戻し・発生土処理費(積込・運搬・処分費)	×	含まない。
塩ビ製蓋の材料および設置費	○	含む。内蓋，外蓋の区別を問わない。
取付管および支管取付工		
基礎材の材料費および設置費	○	基礎材の有無は問わない。また種別，施工厚も問わない。
管路掘削・管路埋戻し・発生土処理費(積込・運搬・処分費)	×	含まない。
異形管（曲管）の材料および設置費	○	有無は問わない(ただし，JSWAS K-1の範囲内)。

◆適用できる？できない？

施　工		
コンクリート製およびレジンコンクリート製のますを設置する場合	×	適用できない。
取付管が陶管の場合	×	適用できない。
取付管をマンホールに接続する場合	○	適用できる。
フリーインバートタイプ(流入受口取付型)のますを設置する場合	×	適用できない。

◆Q&A

Q	A
設置・撤去作業が人力で行われても，機械施工であっても，どちらにも適用できるか	どちらにも適用できる。

◆重複する補正係数の適用について

補正係数が重複する場合は下表に従い，適用する補正係数を選択する。

区　分	記　号	S1	K1	K2	K3	K4	K5
施　工　規　模	S1		S1	○	○	○	○
時　間　的　制　約	K1	S1		○	○	○	○
夜　間　作　業	K2	○	○		○	○	○
取付管3m未満	K3	○	○	○		－	○
取付管5m以上12m未満	K4	○	○	○	－		○
本管の材質がコンクリート製・陶製の場合	K5	○	○	○	○	○	

凡例

　　○：重複して適用可能。

　　－：重複して適用不可（一つのみ選択，重複することがないなど）。

　　表中の記号：重複した場合に適用する記号。

　　（「本誌の利用にあたって」を参照）

◆小規模補正等の算出例

〔例〕施工条件：施工規模加算あり　また時間的制約等，他の補正条件はなし

【算出例】

項目名称	規　格	数　量	単　位	単　価	金　額	備　考
ます工（塩化ビニル製）	ます（径200）	4	箇所	Q＝14,000×（1＋10/100）×（1.0）＝15,400	61,600	参考値
取付管布設工および支管取付工	管径150	4	箇所	Q＝17,000×（1＋10/100）×（1.0）＝18,700	74,800	参考値
合　計（直接工事費）					136,400	

Q：補正後の市場単価　　Q＝P×（1＋S0 or S1/100）×（K1×K2×…×K5）

P：標準の市場単価（掲載単価）　　　　Sn：加算率　　　　Kn：補正係数

◆設計・積算・施工等における留意事項

（1）取付管の取付位置は本管の中心線から上方とし，取付部は漏水のないよう確実に固定する。

（2）漏水の原因とならないよう，管口に付着した土砂の細粒分を入念に除去した後に排水管を接続する。

（3）塩ビ製ますの蓋は，塩ビ製蓋を用いる。ただし，総重量2tを超える車両や不特定多数の車両が進入する場所では鋳鉄製防護蓋を保護蓋として用いる。

（4）埋設管の有無により，掘削等の施工性が左右されるため，入念な事前調査が必要である。

◆施工例

①ます設置工

②取付管布設工

③支管取付工

港湾工事市場単価 ¹³⁵

適用基準等の解説

目　次

土木工事市場単価

下水道工事市場単価

港湾工事市場単価

土木工事標準単価

新旧対比表

底　面　工

◆底面工とは

　ケーソンやブロックの函台を製作するために，地盤掘削，ベニヤ設置，下地均し（調整砂敷均し）およびルーフィング等を敷設する。これを底面工といい，市場単価では，ケーソン（ブロック）底部と函台との縁切りのためのルーフィング敷設に適用する。

◆市場単価に含む？含まない？

材　料・施　工		
ルーフィング材料	○	含む（22kg/21m・1巻同等品程度）。
下地材料（敷砂）	×	含まない。
下地材料（シート，合板類）	×	含まない。
地盤掘削	×	含まない。
下地均し手間	○	含む。

◆適用できる？できない？

施　工		
底面ルーフィング敷設のみの施工	○	適用できる。
下地均し，ルーフィング敷設を併せて施工	○	ただし，下地材料（敷砂，シート，合板類）は別途計上。
舗装工	×	適用できない。

◆適用フロー

底面工（㎡当たり）

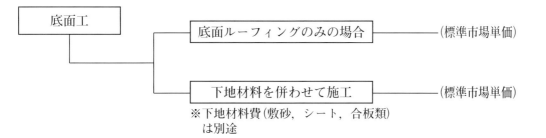

施工区分　　　　　　材料区分

底面工

底面ルーフィングのみの場合 ──── (標準市場単価)

下地材料を併わせて施工 ──── (標準市場単価)
※下地材料費(敷砂，シート，合板類)
　は別途

港湾工事市場単価

マ ッ ト 工

◆マット工とは

マットの使用目的は，大きく洗掘防止用と摩擦増大用とがある。洗掘防止用とは波浪や潮流によって捨石の隙間から土砂が流出され，法尻等が洗掘を受け堤体の破壊につながる場合があり，これを防ぐために，マット，帆布等を基礎捨石の下面あるいは全面に敷設する。一方，摩擦増大用とは，ケーソンとマウンド（石材，砂）間の摩擦が小さいと，波浪や地震に対してケーソンが滑動や転倒を起こす恐れがあるため，ケーソンの底面にアスファルト系またはゴム系マットを設置し，マウンドとの摩擦係数を増大させる。

なお，『土木施工単価』に掲載しているのは，摩擦増大用マットの設置である。

◆市場単価に含む？含まない？

	材 料・施 工	
アスファルトマット	○	含む。ただし，工場製作品（厚さ：80mm）のみ。
ゴム系マット	○	含む。ただし，再生ゴム（厚さ：30mm）のみ。
クレーン費用	×	含まない。

◆適用できる？できない？

	施 工	
洗掘防止用マットの設置	×	適用できない。摩擦増大用マットのみ適用可。
アスファルトマットを現場で製作した場合	×	適用できない。工場製作のみ適用可。
北海道における施工規模2,000㎡未満	×	適用できない。1工事当たり2,000㎡以上のみ適用可。
バージン（新）ゴムの場合	×	適用できない。再生ゴムのみ適用可。

◆適用フロー

ケーソン製作（㎡当たり）

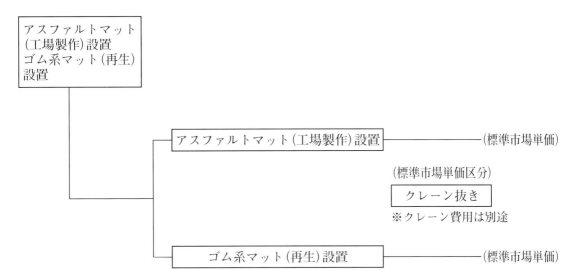

港湾工事市場単価

支　　保　　工

◆支保工とは

　海上打継方式のケーソン製作，および上部工（重力式・鋼矢板式）において，コンクリート荷重を支持し，型枠を所定の位置に固定するための支保（支柱，間柱，貫材）の組立・組外し作業である。

◆市場単価に含む？含まない？

	材　料・施　工	
支保材(木材・みぞ形鋼・ブラケット)	○	含む。ただし，現場への搬入，搬出費用は含まず。
クレーン費用	×	含まない。

◆適用できる？できない？

	施　　工	
スリットケーソン	○	適用できる。
異形ケーソン(台形，円形等)	×	適用できない。
上部工(桟橋式)	×	適用できない。重力式，鋼矢板式のみ適用可。
支保工の組立，または組外しのみ	×	適用できない。市場単価では組立と組外しを一連の作業としているため。
潮待ちにより時間的制約が生じる場合	×	適用できない。

◆適用フロー

ケーソン海上打継用支保工（m当たり）

上部工（重力式，鋼矢板式）支保工（m当たり）

港湾工事市場単価

足　　場　　工

◆足場工とは

　コンクリートや鉄骨などの構造物を建設する場合の型枠の組立・組外し，鉄筋組立，コンクリート打設等の高所作業のための足場を仮設すること。従前は足場材として木材（足場丸太，足場板）が主であったが，パイプを主材としたパイプ足場，枠組足場が主流となっている。

　なお，国土交通省発注の港湾工事において，枠組足場の設置を必要とする場合は，「手すり先行工法等に関するガイドライン（厚生労働省平成21年4月）」によるものとされており，手摺先行型の枠組足場が標準仕様となっている。

◆市場単価に含む？含まない？

材　料・施　工		
枠組足場（手摺先行型(外足場)）にかかわる費用	○	含む。ただし，現場への搬入，搬出費用は含まず。
内足場にかかわる費用	○	含む。ただし，現場への搬入，搬出費用は含まず。
クレーン費用	×	含まない。

◆適用できる？できない？

施　工		
足場損料を全損で計上	×	適用できない。
スリットケーソン	○	適用できる。ただし，補正係数あり。
異形ケーソン(台形，円形等)	×	適用できない。
上部工(桟橋式)	×	適用できない。重力式，鋼矢板式のみ適用可。
内足場において渡り足場と枠組足場を併用する場合	×	適用できない。
潮待ちにより時間的制約が生じる場合	×	適用できない。

◆適用フロー

ケーソン製作（㎡当たり）

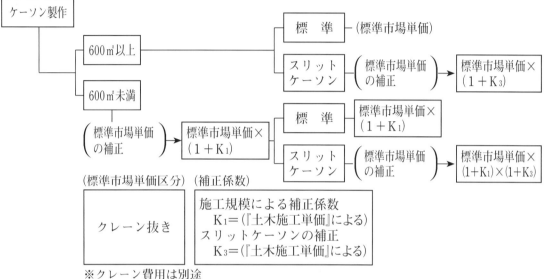

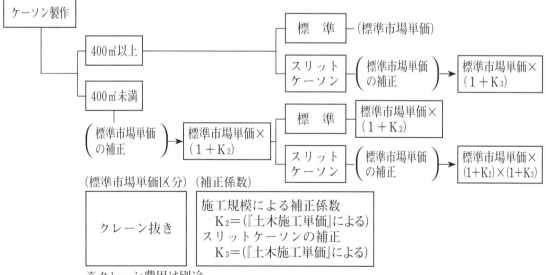

港湾工事市場単価

方塊製作，セルラーブロック，L型ブロック製作，上部工（㎡当たり）

施 工 区 分

枠組足場（手摺先行型）

| 方塊製作 |————————————————————— (標準市場単価)

(標準市場単価区分)

クレーン抜き
※クレーン費用は別途

| セルラーブロック
L型ブロック製作 |————————————————— (標準市場単価)

(標準市場単価区分)

クレーン抜き
※クレーン費用は別途

| 上部工 |————————————————————— (標準市場単価)

(標準市場単価区分)

クレーン抜き
※クレーン費用は別途

以下の各構造物製作は「方塊製作」フローを適用する。
　蓋ブロック製作（㎡当たり）
　根固ブロック製作（㎡当たり）
　基礎ブロック製作（㎡当たり）
　水中コンクリート工（㎡当たり）

以下の各構造物製作は「上部工」フローを適用する。
　場所打コンクリート工（㎡当たり）

鉄　　筋　　工

◆鉄筋工とは

　港湾工事では，ケーソン本体，岸壁等の上部工，ブロック等に鉄筋コンクリート構造物が使用される。鉄筋コンクリートは圧縮に対して強いコンクリート中に，引張に強い鉄筋を配することで，その構造物の強度を大きくするものであり，鉄筋を設計で定められた寸法および形状に加工し，所定の位置に正確に組み立てることを鉄筋工という。

◆市場単価に含む？含まない？

材　料・施　工		
鉄筋（丸鋼，異形棒鋼等）等の主材料	×	含まない。
組立用の結束線，スペーサー	○	含む。
切断機，ベンダー等の雑機械	○	含む。
鉄筋荷卸しにかかる費用（鉄筋荷卸し用のクレーン費用を含む）	○	含む。
ガス圧接，溶接費用	×	含まない。
クレーン費用（鉄筋の現場加工・組立用）	×	含まない。

◆適用できる？できない？

施　　工		
スリットケーソン	○	適用できる。ただし，補正係数あり。
異形ケーソン（台形，円形等）	×	適用できない。
異形ブロック	×	適用できない。
鉄筋の加工または組立のみ	×	適用できない。市場単価では，鉄筋の加工と組立を一連の作業としているため。
上部工桟橋式	○	適用できる。
潮待ちにより時間的制約が生じる場合	×	適用できない。

港湾工事市場単価

◆適用フロー

ケーソン製作（t当たり）

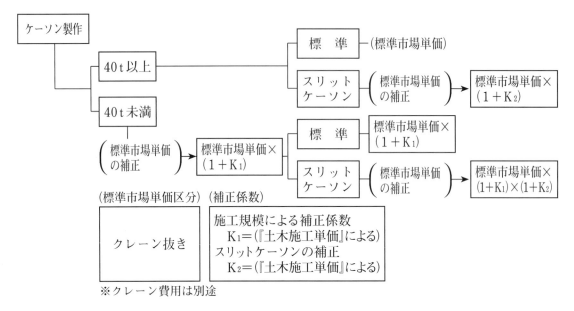

セルラーブロック，L型ブロック製作，上部工（t当たり）

以下の各構造物製作は「セルラーブロック・L型ブロック製作」フローを適用する。

　方塊製作（t当たり）
　蓋ブロック製作（t当たり）
　根固ブロック製作（t当たり）
　基礎ブロック製作（t当たり）

以下の各構造物製作は「上部工」フローを適用する。

　場所打コンクリート工（t当たり）

吊鉄筋工（吊鉄筋・吊バー）

◆吊鉄筋工とは

　吊鉄筋は，ケーソンやブロックをクレーン・起重機船等により吊り下ろすためのものであり，吊鉄筋工とはケーソンやブロックの本体にこれを取り付けることをいう。

◆市場単価に含む？含まない？

	材　料・施　工	
吊鉄筋，吊バー等の主材料	×	含まない。
組立用の結束線等	○	含む。
切断機，ベンダー等の雑機械	×	含まない。
吊鉄筋・吊バー荷卸しにかかる費用（吊鉄筋・吊バー荷卸し用のクレーン費用を含む）	○	含む。
ガス圧接，溶接費用	×	含まない。
クレーン費用（吊鉄筋・吊バーの現場組立用）	×	含まない。

◆適用できる？できない？

	施　工	
スリットケーソン	○	適用できる。
異形ケーソン（台形，円形等）	×	適用できない。
異形ブロック	×	適用できない。

港湾工事市場単価

◆適用フロー

吊鉄筋工（t当たり）

施工区分	材料区分

| 吊鉄筋・吊バー | → | D80mm未満 | 組立手間 |————（標準市場単価）

（標準市場単価区分）

| クレーン抜き |

※クレーン費用は別途

型　枠　工

◆型枠工とは

　型枠はコンクリートと接する木製・鋼製等のセキ板と，これを連結するバタ材，締付金具および付属金具等で構成され，コンクリート打設から，硬化し脱型するまでのコンクリートの保護および養生の役目を担っており，港湾工事におけるケーソンやブロック等の製作に使用される型枠は鋼製型枠（メタルフォーム）が主流である。

　設計に示された正しい形状，寸法のコンクリートができるように，型枠を組立・組外すことを型枠工という。

◆市場単価に含む？含まない？

材 料・施 工		
型枠材	○	含む。ただし，型枠材の現場への搬入・搬出費用は含まず。
はく離剤	○	含む。
グラインダー等の雑機械	○	含む。
クレーン費用	×	含まない。

◆適用できる？できない？

施 工		
スリットケーソン	○	適用できる。ただし，補正係数あり。
異形ケーソン（台形，円形等）	×	適用できない。
異形ブロック	×	適用できない。
型枠の組立または組外しのみ	×	適用できない。
型枠損料を全損で計上する場合	×	適用できない。
上部工桟橋式	×	適用できない。
潮待ちにより時間的制約が生じる場合	×	適用できない。

◆適用フロー

ケーソン製作（㎡当たり）

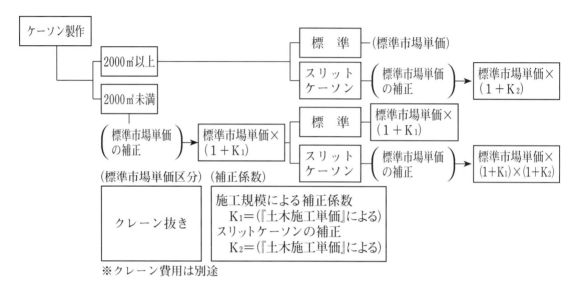

方塊製作，セルラーブロック，L型ブロック製作，上部工（㎡当たり）

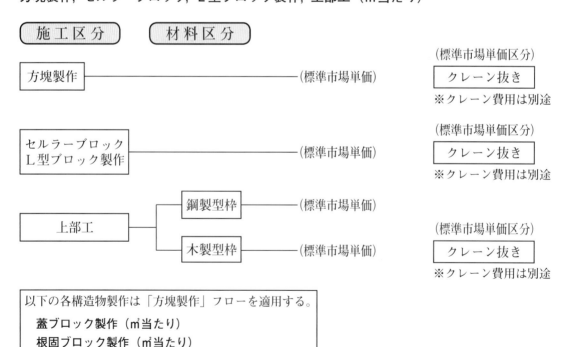

以下の各構造物製作は「方塊製作」フローを適用する。
　蓋ブロック製作（㎡当たり）
　根固ブロック製作（㎡当たり）
　基礎ブロック製作（㎡当たり）

以下の各構造物製作は「上部工」フローを適用する。
　場所打コンクリート工（㎡当たり）

コンクリート打設工

◆コンクリート打設工とは

　支保，鉄筋，型枠等が設計どおりかを確認した上でコンクリートを打設する。打設方法には，ポンプ，バケット，ベルトコンベア，シュート等があり，港湾工事におけるケーソンやブロック等の製作（陸上およびF・D等）については，ポンプおよびバケットが一般的である。

◆市場単価に含む？含まない？

材　料・施　工		
生コンクリート	×	含まない。
バイブレーターの損料，運転経費	○	含む。
一般養生費用	○	含む。ただし，冬期養生等の特殊養生費は含まず。
クレーン費用	×	含まない。

◆適用できる？できない？

施　工		
スリットケーソン	○	適用できる。
異形ブロック	×	適用できない。
コンクリート舗装工	×	適用できない。
上部工桟橋式	○	適用できる。
潮待ちにより時間的制約が生じる場合	×	適用できない。

港湾工事市場単価

◆適用フロー

ケーソン製作（㎥当たり）

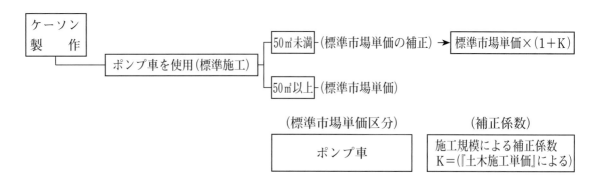

セルラーブロック，L型ブロック製作（㎥当たり）

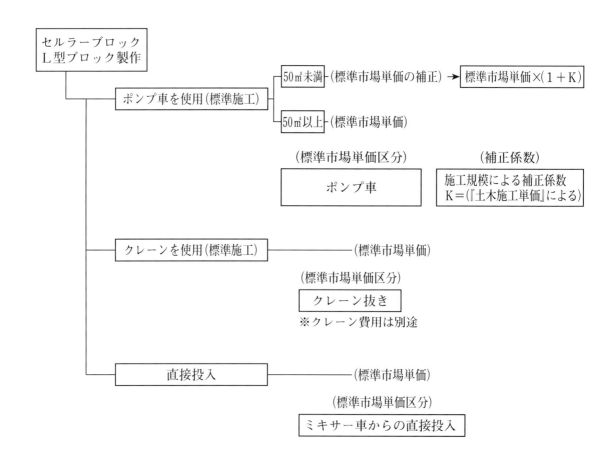

方塊製作（㎥当たり）

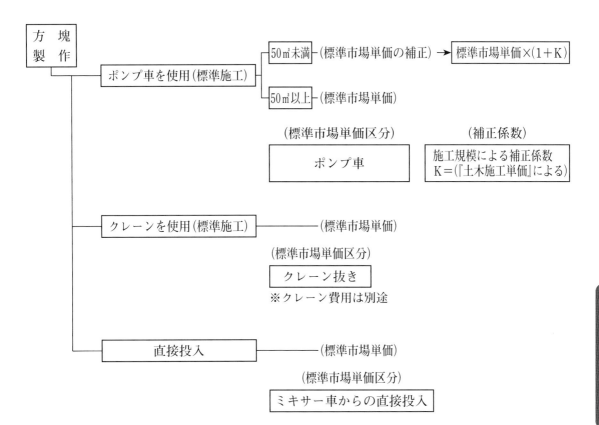

以下の各構造物製作は「方塊製作」フローを適用する。
　蓋ブロック製作（㎥当たり）
　根固ブロック製作（㎥当たり）
　基礎ブロック製作（㎥当たり）

港湾工事市場単価

上部工（㎥当たり）

施工区分	クレーン等区分	施工規模による補正

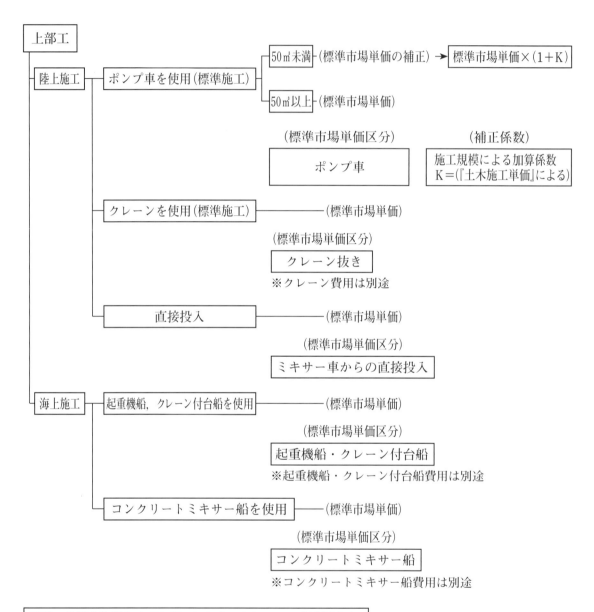

以下の各構造物製作は「上部コンクリート」フローを適用する。
　蓋コンクリート（㎥当たり）
　場所打コンクリート（㎥当たり）
　係船柱基礎コンクリート（㎥当たり）

止　水　板　工

◆止水板工とは

　スリットケーソンをえい航する際に，ケーソン内への浸水を防ぐため，スリット部分に鋼製の止水板を取り付ける。この取り付け，取り外し作業である。

◆市場単価に含む？含まない？

	材　料・施　工	
止水板	×	含まない。
ボルト・ナット等雑材料	○	含む。
潜水士船および潜水職種費用	×	含まない。
クレーン費用	×	含まない。

◆適用できる？できない？

	施　工	
異形ケーソン(台形，円形等)	×	適用できない。

港湾工事市場単価

◆適用フロー

止水板工（ボルト個当たり）

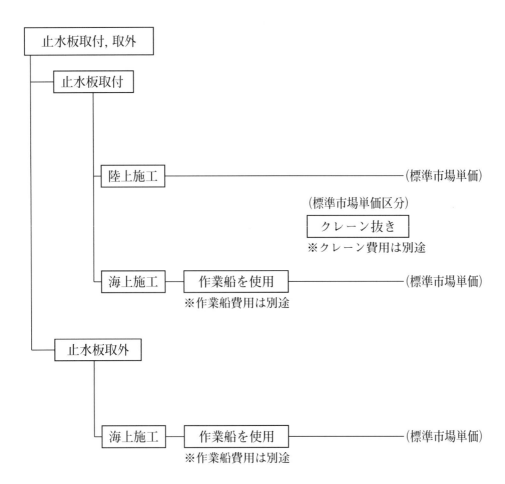

上　蓋　工

◆上蓋工とは

　ケーソン据付時，墜落防止措置として設置する上蓋の取り付け，取り外し作業である。

取り付け

取り外し

◆市場単価に含む？含まない？

	材　料・施　工	
上蓋使用料	×	含まない。
ボルト，ナット等雑材料	○	含む。
作業船費用	×	含まない。
クレーン費用	×	含まない。

◆適用できる？できない？

	施　工	
異形ケーソン（台形，円形等）	×	適用できない。
上蓋工の取り付け，または取り外しのみ	×	適用できない。市場単価では取り付けと取り外しを一連の作業としているため。
ケーソンえい航，回航時の防水蓋	×	適用できない。えい航，回航時はゴムパッキンを入れた水密な防水蓋でなければならない。

港湾工事市場単価

◆適用フロー

上蓋取付・取外工（函当たり）

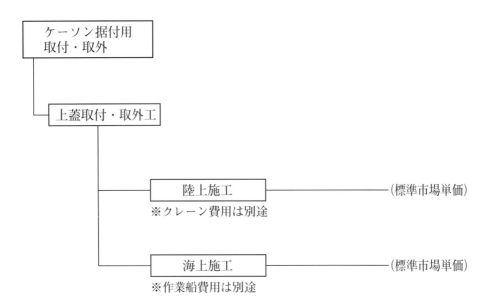

異形ブロック製作工

◆異形ブロック製作工とは

　防波堤等の消波，被覆を目的としたブロックの製作。専用の型枠材にて型枠組立，コンクリート打設を行う。直接積み重ねることで消波機能を有した堤体になる直立消波タイプもある。

◆市場単価に含む？含まない？

	材 料・施 工	
クレーン費用	×	含まない。
型枠賃料，架台，ベッドの費用	×	含まない。
50m未満の範囲内の製作転置にかかる費用（クレーン費用は除く）	○	含む。
一般養生費用	○	含む。ただし，給熱養生が必要な場合は給熱養生加算額を加算する。
型枠剥離剤，工具，コンクリートバケット，バイブレータ，養生シートの費用	○	含む。
足場が必要な場合の足場費用	○	含む。

◆適用できる？できない？

	施 工	
消波（立体型）ブロックの製作	○	適用できる。
被覆（平型）ブロックの製作	○	適用できる。
直立消波（直積型）ブロックの製作	○	適用できる。
魚礁ブロックの製作	×	適用できない。
被覆（階段型）ブロックの製作	×	適用できない。
直立消波（函塊型）ブロックの製作	×	適用できない。
セルラーブロック，L型ブロック，蓋ブロック，根固ブロック，基礎ブロックの製作	×	適用できない。
仕切り型枠等をブロック型枠内部に設置する場合	×	適用できない。
木製型枠の場合	×	適用できない。

◆適用フロー

型枠工（㎡当たり）

コンクリート打設工（㎥当たり）

| 施工区分 | 施工規模による補正 | 形式による補正 |

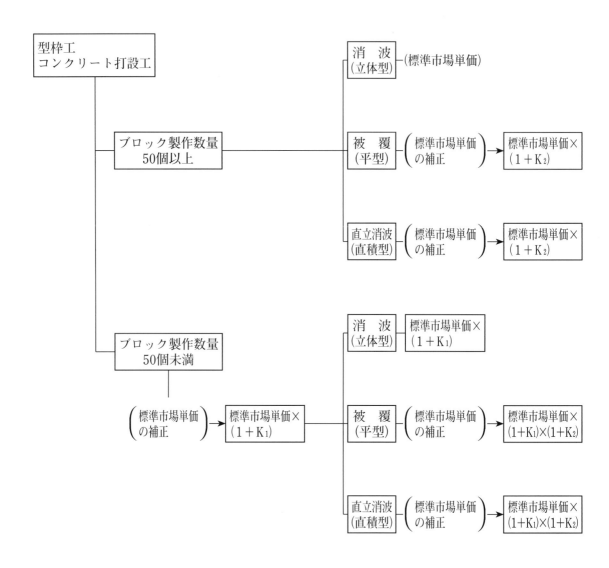

（標準市場単価区分）　　　（補正係数）

クレーン抜き

施工規模による補正係数
　K₁＝（『土木施工単価』による）
形式による補正係数
　K₂＝（『土木施工単価』による）

※クレーン費用は別途

伸 縮 目 地 工

◆伸縮目地工とは

コンクリートの温度変化による収縮・膨張，そりによる応力を軽減するために設ける，伸縮目地板（瀝青質系，発泡体系）の取り付けである。取り付けにはあらかじめ型枠に取り付ける方法や，既設コンクリート面に釘や接着剤で取り付ける方法がある。

伸縮目地上部コンクリート工の場合は10〜20ｍ程度の間隔で設けるのが一般的。

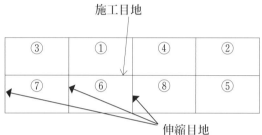

【上部コンクリート目地取付位置および打設順序】

◆市場単価に含む？含まない？

	材 料・施 工	
目地材料	○	含む。ただし目地材の厚さは t ＝10mmとする。
取り付けに要する諸材料	○	含む。

◆適用できる？できない？

	施 工	
伸縮目地板が木材	×	適用できない。
潮待ちにより時間的制約が生じる場合	×	適用できない。

港湾工事市場単価

◆適用フロー

伸縮目地工（㎡当たり）

施 工 区 分

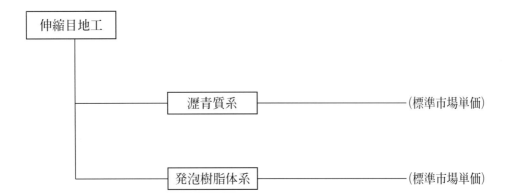

係 船 柱 取 付 工

◆係船柱取付工とは

　係船岸に船舶を係留したり，風浪によって係留中の船舶が岸壁から流されないために船から綱をかける設備として係船柱がある。この係船柱の取り付けを係船柱取付工という。

　係船柱の種類には直柱と曲柱があり，直柱は強風・暴風時に船舶を係留するため岸壁の水際線より，できるだけ離して設置する。曲柱は船舶の接岸時，離岸時の前後の移動と常時の係留に使用され，岸壁の水際近くに設置する。

◆市場単価に含む？含まない？

材 料・施 工		
係船柱	×	含まない。
係船柱取付に要するアンカー等	×	含まない。
溶接機材，切断機等	○	含む。
クレーン費用	×	含まない。
作業船費用	×	含まない。

◆適用できる？できない？

施 工		
直柱，曲柱ともに適用できる？	○	どちらも適用できる。
係船環は適用できるか？	×	適用できない。
潮待ちにより時間的制約が生じる場合	×	適用できない。

港湾工事市場単価

◆適用フロー

係船柱取付工（基当たり）

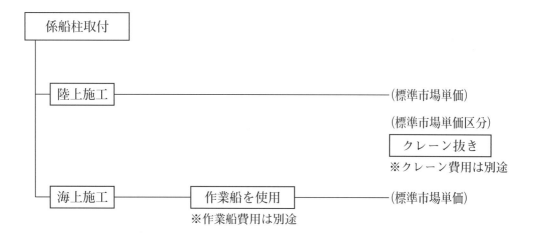

施工区分

係船柱取付
├ 陸上施工 ──────────── （標準市場単価）
│   （標準市場単価区分）
│   クレーン抜き
│   ※クレーン費用は別途
└ 海上施工 ── 作業船を使用 ── （標準市場単価）
              ※作業船費用は別途

架台現場製作・取付工（基当たり）

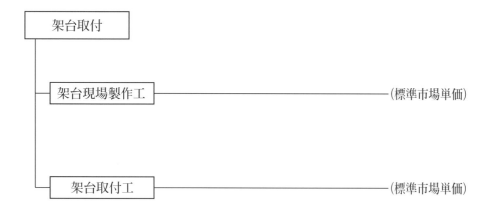

施工区分

架台取付
├ 架台現場製作工 ──────── （標準市場単価）
└ 架台取付工 ───────────── （標準市場単価）

防 舷 材 取 付 工

◆防舷材取付工とは

　船舶が岸壁等に接岸するとき，あるいは係留中に波や風で動揺することによる船体や岸壁の損傷を防ぎ，また接岸力を減少させるために，防舷材を設置する。一般的にはゴム製が多く使用されている。

◆市場単価に含む？含まない？

材 料・施 工		
防舷材	×	含まない。
防舷材取付に要するアンカー等	×	含まない。
撤去費用および処分費用	×	含まない。
クレーン費用	×	含まない。
作業船費用	×	含まない。

◆適用できる？できない？

施 工		
Ｖ型，漁港型，サークル型，κ型	○	適用できる。
円筒型，Ｄ型，受衝板付	×	適用できない。
埋込栓を後付けする場合	○	適用できる。ただし，補正係数あり。
潮待ちにより時間的制約が生じる場合	×	適用できない。

港湾工事市場単価

◆適用フロー

防舷材取付工（基当たり）

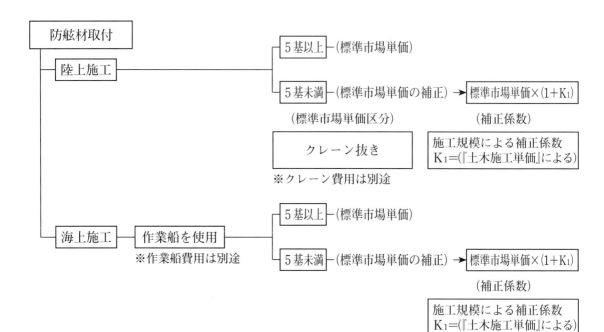

梯子取付工（基当たり）

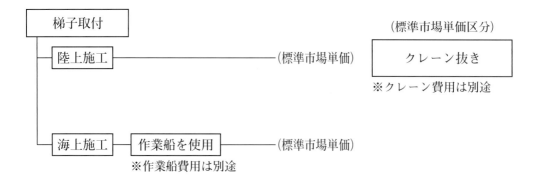

埋込栓取付工（基当たり）

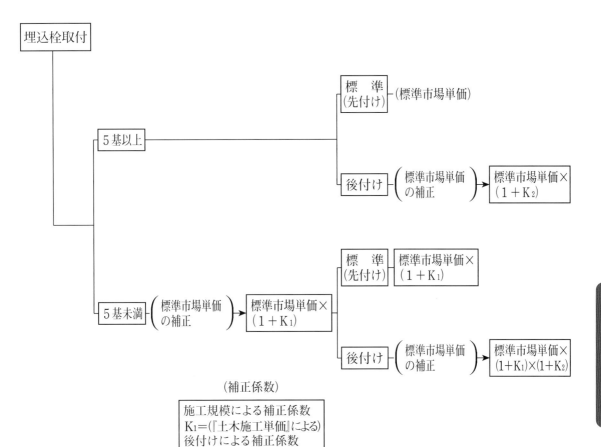

（補正係数）

施工規模による補正係数
$K_1 ＝$（『土木施工単価』による）
後付けによる補正係数
$K_2 ＝$（『土木施工単価』による）

車 止 ・ 縁 金 物 取 付 工

◆車止・縁金物取付工とは

　車止とは，岸壁等の係船岸で荷役作業を行う場合，荷役機械およびその他車両通行の転落防止等の安全を確保するために，全面法線付近に車止を設置する。一般的に二次製品が主流となっている。種類としては，レジンコンクリート製，合成樹脂製，角形鋼管製，プレストレストコンクリート製がある。

　縁金物とは，岸壁等の係船岸で船舶等の係留に伴う係船ロープの保護および岸壁を保護するために，岸壁のコーナーに設置するもので，種類は，上記，車止と同様である。

車止取付

縁金物取付

◆市場単価に含む？含まない？

材 料 ・ 施 工		
クレーン費用	×	含まない。
塗装に関わる費用	×	含まない。
車止取付においての中詰コンクリート費用	×	含まない。

◆適用できる？できない？

施 工		
レジンコンクリート製車止取付	○	適用できる。ただし，表面仕上げ済み製品とする。
合成樹脂製車止取付	○	適用できる。ただし，表面仕上げ済み製品とする。
角形鋼管製車止取付	○	適用できる。ただし，表面仕上げ済み製品とする。
プレストレストコンクリート製車止取付	○	適用できる。ただし，表面仕上げ済み製品とする。
被覆鋼板製取付	×	適用できない。
車止を後付けする場合	○	適用できる。ただし，補正係数あり。
潮待ちにより時間的制約が生じる場合	×	適用できない。

◆適用フロー

車止・縁金物取付工（m当たり）

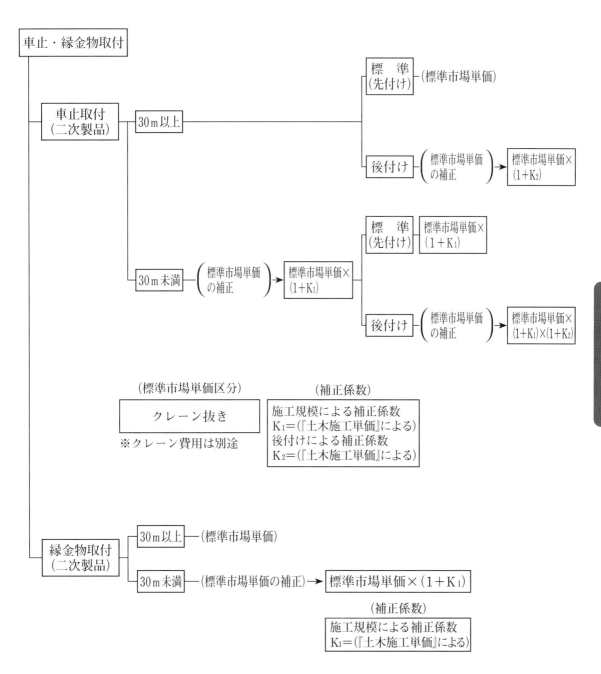

港湾工事市場単価

係船柱・防舷材・車止撤去工

◆係船柱・防舷材・車止撤去工とは

　岸壁等に設置されている係船柱・防舷材・車止を老朽化等による取替もしくは移設のために撤去する作業である。

◆市場単価に含む？含まない？

	材　料・施　工	
足場材	×	含まない。
上部工コンクリート取壊し費用	×	含まない。
コンクリートカッターを使用した場合の費用	×	含まない。
防舷材撤去のクレーン費用	×	含まない。
係船柱撤去においての架台撤去及び中詰コンクリート撤去の費用	×	含まない。
ボルト等の現場切断に使用するアセチレンガス・酸素・切断機等	○	含む。
ボルト切断面の防錆処理	○	含む。
作業に必要な工具類	○	含む。

◆適用できる？できない？

	施　工	
係船柱本体（直柱，曲柱）の撤去	○	適用できる。
再利用を目的とした係船柱の撤去	×	適用できない。
係船柱（レジンコンクリート製）の撤去	×	適用できない。
防舷材（V型，漁港型，サークル型，κ型）の撤去	○	適用できる。
防舷材（円筒型，D型，受衝板付）の撤去	×	適用できない。
車止（合成樹脂製，角形鋼管製，被覆鋼板製（中詰コンクリートタイプ））の撤去	○	適用できる。
車止（レジンコンクリート製）の撤去	×	適用できない。
海上施工の場合	×	適用できない。
潮待ちにより時間的制約が生じる場合	×	適用できない。

◆適用フロー

係船柱撤去（基当たり）
防舷材撤去（基当たり）
車止撤去（m当たり）

施 工 区 分

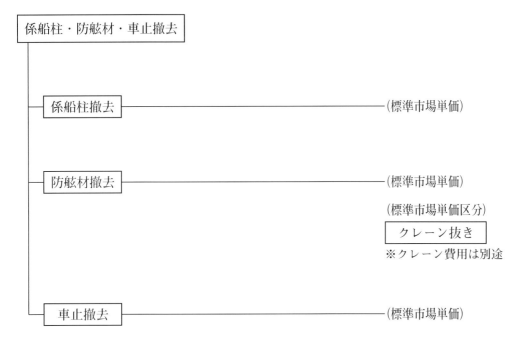

電　気　防　食　工

◆電気防食工とは

　電気防食は，電位の低い金属類を鋼構造物に接続することによって，両電位差で発生する電流を防食電流として利用し，港湾構造物の腐食を防ぐものである。

　港湾構造物では，アルミニウム合金陽極を使用したものが一般的である。

◆市場単価に含む？含まない？

	材　料・施　工	
取付金具製作に関する材料費	○	含む。
溶接作業やグラインダー等の雑機械費	○	含む。
陽極取付のかき落としやケレン費用	○	含む。ただし，ケレンは3種ケレンまで。
陽極取付の潜水職種費用	○	含む。ただし，潜水士船費用は含まず。

◆適用できる？できない？

	施　工	
陽極取付で既設構造物を基地として作業できない施工場所	×	適用できない。
電位測定装置取付の端子箱設置	×	適用できない。
維持補修工事等の撤去費用	×	適用できない。

◆適用フロー

電気防食工（組・個当たり）

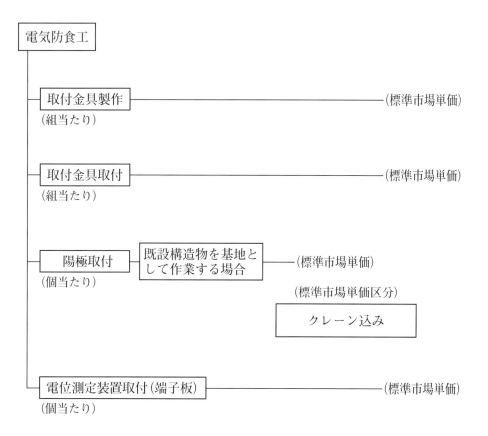

防　砂　目　地　工

◆防砂目地工とは

　ケーソンや鋼矢板等の壁体の背後に石材で裏込めを行うが，この裏込材がケーソン等の壁体目地から吸い出されるのを防止するために塩化ビニル，ゴム製の防砂目地板を設置する必要がある。これを防砂目地工という。

◆市場単価に含む？含まない？

	材　料・施　工	
目地板（材料費）	×	含まない。
水中施工の場合の作業船費用	○	含む。

◆適用できる？できない？

	施　工	
高速銃を用いて防砂目地板を取り付ける場合	×	適用できない。
供用係数ランク2以上の施工場所	×	適用できない。供用係数ランク1のみとする。

◆適用フロー

防砂目地工（m当たり）

施 工 区 分

吸 出 し 防 止 工

◆吸出し防止工とは

　裏埋土が波や潮流により，裏込材内に吸い出されることを防止するために，裏込材と裏埋材の間に合成樹脂，合成繊維等の防砂シートを敷設するが，これを吸出し防止工という。防砂シートは陸上で大組してから設置する。

◆市場単価に含む？含まない？

	材　料・施　工	
防砂シート	×	含まない。
作業船費用	○	含む。
潜水職種費用	○	含む。
仮止め用土のう	○	含む。
作業に必要な工具類	○	含む。
陸上クレーン費用	×	含まない。
端部固定費用	×	含まない。

◆適用できる？できない？

	施　工	
供用係数ランク２以上の施工場所	×	適用できない。供用係数ランク１のみとする。

◆適用フロー

吸出し防止工（㎡当たり）

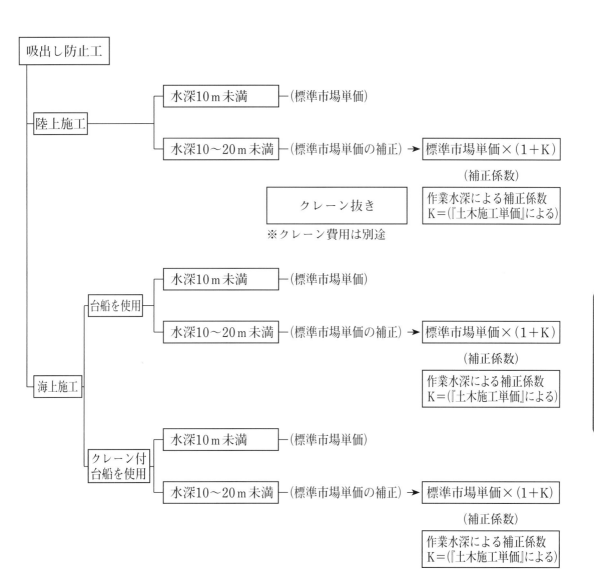

港湾構造物塗装工(係船柱・車止・縁金物塗装)

◆港湾構造物塗装工とは

　係留施設に付属する係船柱，車止・縁金物等の新設構造物の劣化防止または，既設構造物の劣化に対する補修を目的とした塗装をいう。塗装の種類は，新設，新設・塗替，塗替がある。

◆市場単価に含む？含まない？

材　料・施　工		
汚れ，付着物の除去に必要な雑機械	○	含む。
塗替（補修）の素地調整	○	含む。ただし，2種および3種ケレンまで。
クレーンおよび作業船費用	×	含まない。

◆適用できる？できない？

施　工		
係船柱，車止・縁金物以外の港湾構造物塗装	×	適用できない。
亜鉛メッキを施していない面の塗装	○	適用できる。

◆適用フロー

港湾構造物塗装工（㎡当たり）

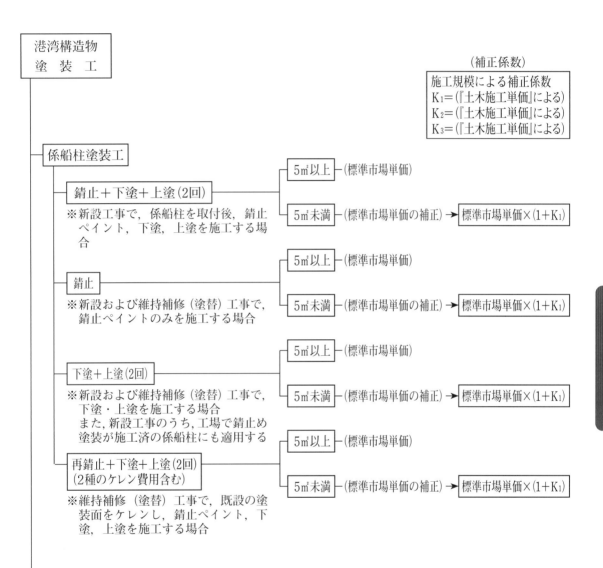

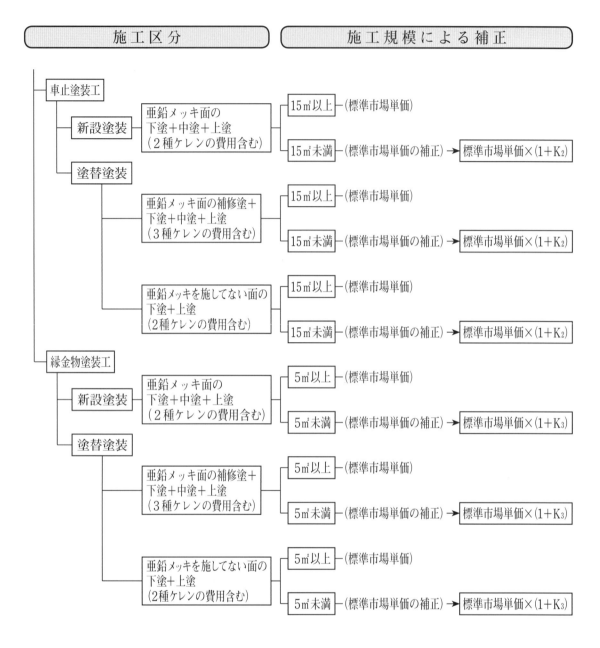

ペトロラタム被覆工

◆ペトロラタム被覆工とは

岸壁等の鋼管杭や鋼管矢板，鋼矢板といった鋼構造物の表面を防食材等で被覆する被覆防食工のうちペトロラタム系防食材と保護カバーにより防食を行う工法。

◆市場単価に含む？含まない？

材　料・施　工		
足場材	×	含まない。
被覆防食用防食材料	×	含まない。
端部処理材	○	含む。
潜水職種費用	○	含む。ただし，潜水士船は含まない。

◆適用できる？できない？

施　工		
モルタル被覆	×	適用できない。
端部処理材が標準使用量(1.0kg〜1.2kg)以外の場合	×	適用できない。

港湾工事市場単価

◆適用フロー

足場設置撤去（㎡，ｍ当たり）
被覆防食（㎡当たり）
端部処理（ｍ当たり）

施工区分

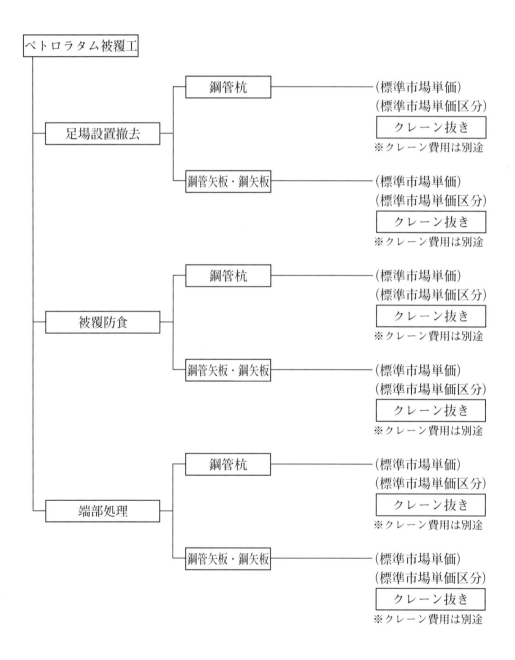

現 場 鋼 材 溶 接 工

◆現場鋼材溶接工とは

　港湾工事現場において行う鋼材等の溶接（アーク溶接・水中被覆アーク溶接・水中スタッド溶接）である。現場溶接を行う際には、工場での溶接とは違い、ほとんどが手溶接で、現場の気象条件、作業スペース、溶接方向等に制約がある。

　アーク溶接とは、接合する材片（母材）と溶接棒との間にアーク熱によって溶接を行う方法。スタッド溶接もアーク溶接の1種である。

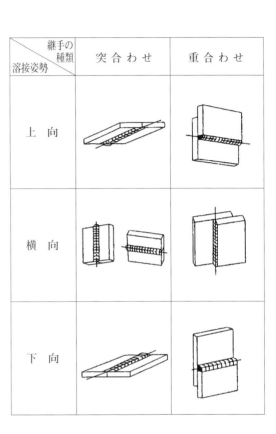

溶接姿勢＼継手の種類	突 合 わ せ	重 合 わ せ
上 向		
横 向		
下 向		

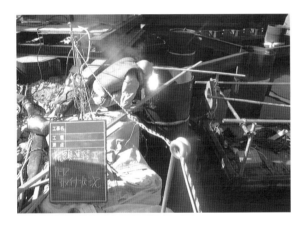

◆市場単価に含む？含まない？

材 料 ・ 施 工		
溶接棒，溶接機	○	含む。
クレーン費用	×	含まない。
水中スタッド溶接における下地処理	○	含む。ただし、位置出し、ケレン、肉厚確認までの作業手間とする。
潜水職種	○	含む。
潜水士船等の作業船費用	×	含まない。

◆適用できる？できない？

施 工		
鋼管・鋼管矢板の継杭溶接	×	適用できない。
ステンレス等の溶接	×	適用できない。
潮待ちにより時間的制約が生じる場合	×	適用できない。

港湾工事市場単価

◆適用フロー

手動アーク溶接（m当たり）
半自動アーク溶接（m当たり）

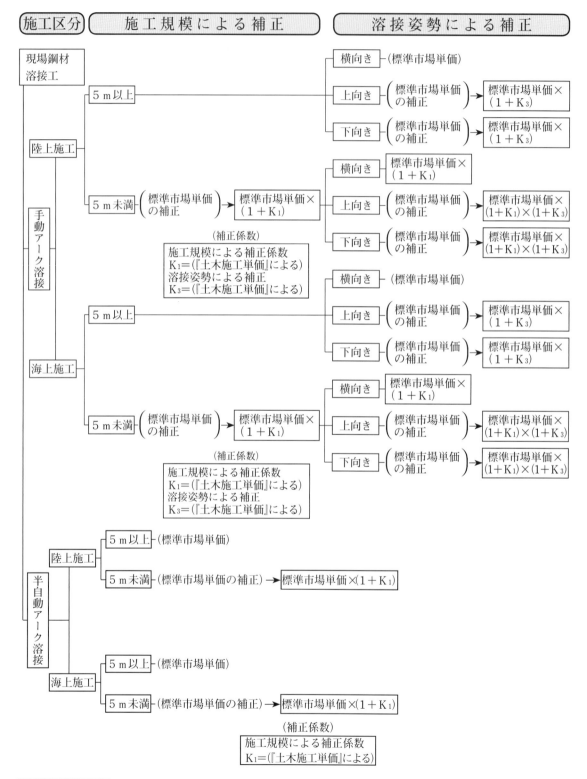

水中被覆アーク溶接（m当たり）
水中スタッド溶接（個所・本当たり）

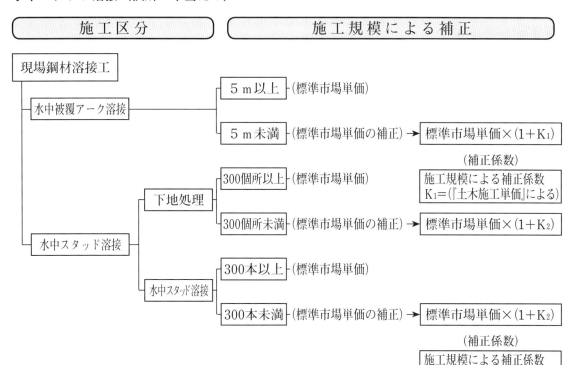

現　場　鋼　材　切　断　工

◆現場鋼材切断工とは

　港湾工事現場において行う鋼材等の切断（ガス切断・水中アーク切断）作業である。ガス切断は，アセチレンガスと酸素を混合した気体を燃焼し炎をつくり，この炎で母材を熱した後，高圧酸素を吹き付けて酸化させ，これを吹き飛ばして，母材を切断する。水中酸素アーク切断は，切断する母材と金属電極棒の間にアークを発生し，母材を酸化温度（約800℃）以上に加熱し，酸素ガスを送ることにより酸化・溶融を促進，飛散による切断とする。

◆市場単価に含む？含まない？

材　料・施　工		
切断機	○	含む。
アセチレンガス・酸素等の材料費	○	含む。
段取り，切断面の清掃，端片の除去にかかわる費用	○	含む。
グラインダー等の雑機械費用	○	含む。
潜水士船等の作業船費用	×	含まない。
クレーン費用	×	含まない。

◆適用できる？できない？

施　工		
連続作業が不可能な場合	×	適用できない。
特殊工法を使用する場合	×	適用できない。
潮待ちにより時間的制約が生じる場合	×	適用できない。

◆適用フロー

ガス切断（手動）（m当たり）
ガス切断（自動・半自動）（m当たり）
水中酸素アーク切断（m当たり）

施 工 区 分	施 工 規 模 に よ る 補 正

港湾工事市場単価

か き 落 と し 工

◆かき落とし工とは

　鋼構造物およびコンクリート構造物に付着した干潮部，水中部の海生生物ならびに錆等を人力により除去する作業である。

◆市場単価に含む？含まない？

	材　料・施　工	
支保材(木材・溝型鋼・ブラケット)	×	含まない。
潜水士船費用	×	含まない。
ガラの処理費用	×	含まない。

◆適用できる？できない？

	施　　工	
清掃工	○	適用できる。
下地処理	○	適用できる。

◆適用フロー

かき落とし工（㎡当たり）

施 工 区 分

かき落とし工 ——————————————————— (標準市場単価)

(標準市場単価区分)

クレーン抜き

※ クレーン費用は別途

港湾工事市場単価

汚 濁 防 止 膜 工

◆汚濁防止膜工とは

　浚渫工事や埋立工事の際に水質汚濁が発生する。そこで，一定海域を合成繊維等でできた防止膜で遮断することにより，土粒子の沈降を促進させ，波や潮流の影響を最小限に止め，防止膜外への汚濁の拡散・流出を防ぐのが汚濁防止膜工である。

設置

撤去

◆市場単価に含む？含まない？

材 料・施 工		
汚濁防止膜	×	含まない。
作業船費用	○	含む。ただし，海上目視点検（作業船なし）には含まない。
アンカーブロック	×	含まない。
アンカーブロック設置費用（手間）	○	含む。

◆適用できる？できない？

施 工		
供用係数ランク2以上の施工場所	×	適用できない。供用係数ランク1のみとする。ただし，点検は適用できる。
自立型の設置・撤去・移設	×	適用できない。固定式垂下型のみ適用可。
浮沈式の設置・撤去・移設	×	適用できない。固定式垂下型のみ適用可。
杭取付型の点検	×	適用できない。
汚濁防止膜補修・清掃	×	適用できない。
汚濁防止膜工(設置，撤去，移設，点検)のみの単独工事	×	適用できない。

◆適用フロー

汚濁防止膜設置・撤去・移設（m当たり）
汚濁防止膜点検（回当たり）

施工区分

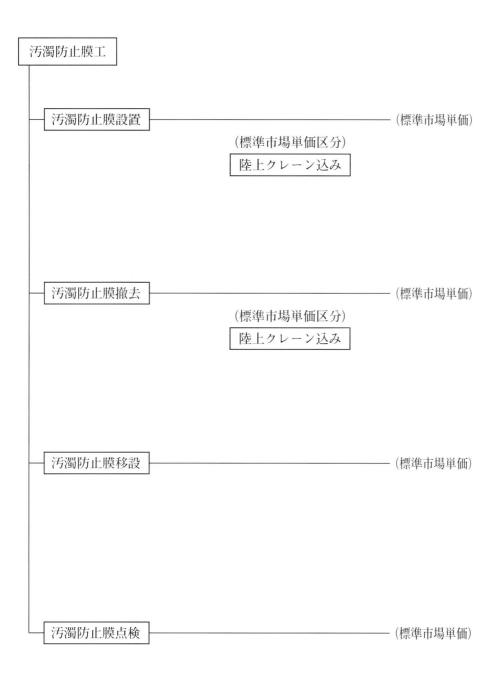

汚 濁 防 止 枠 工

◆防濁防止枠工とは

　浚渫工事や埋立工事の際に水質汚濁が発生する。そこで，作業個所を鋼管フロート枠で包囲し，その枠にカーテンを設置することで，土粒子の沈降を促進させ，防止枠外への汚濁の拡散・流出を防ぐのが汚濁防止枠工である。

◆市場単価に含む？含まない？

材 料・施 工		
汚濁防止枠本体	×	含まない。
カーテン	×	含まない。
作業船費用	○	含む。
鋼管フロート枠の組立・解体手間	○	含む。

◆適用できる？できない？

施 工		
供用係数ランク2以上の施工場所	×	適用できない。供用係数ランク1のみとする。
13×15mの場合	○	適用できる。14×14m級の総延長と同じであるため，その単価を採用。

◆適用フロー

汚濁防止枠工（基当たり）

施工区分

汚濁防止枠工
├─ 汚濁防止枠設置 ───────────── (標準市場単価)

　　(標準市場単価区分)
　　陸上クレーン込み

├─ 汚濁防止枠撤去 ───────────── (標準市場単価)

　　(標準市場単価区分)
　　陸上クレーン込み

港湾工事市場単価

灯 浮 標 設 置 ・ 撤 去 工

◆灯浮標設置・撤去工とは

　灯浮標とは，航路標識の一つであり，海上に浮かべた標体と海底に定置した沈錘を鉄鎖で連結した構造から成り，灯器を備えたものをいう。海上保安庁によって全国的に統一された「浮標式」として，意味や様式などが定められている。

設置

撤去

◆市場単価に含む？含まない？

	材 料・施 工	
現場溶接，切断費用	○	含む。
アンカーブロックの設置または撤去等費用	○	含む。ただし，アンカーチェーン，アンカーブロック損料は含まない。
作業船費用	○	含む。
灯浮標本体	×	含まない。

◆適用できる？できない？

	施 工	
灯浮標維持管理	×	適用できない。
供用係数ランク2以上の場合の施工場所	×	適用できない。供用係数ランク1のみとする。
片道運搬距離1 km	○	適用できる。7 kmまで適用。

◆適用フロー

灯浮標設置・撤去工（個当たり）

施工区分

灯浮標設置 ———————————————— （標準市場単価）

灯浮標撤去 ———————————————— （標準市場単価）

（標準市場単価区分）

クレーン抜き

※クレーン費用は別途

港湾工事市場単価

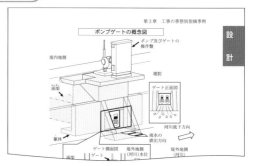

港湾工事市場単価

参 考 資 料

目 次

土木工事市場単価

下水道工事市場単価

港湾工事市場単価

土木工事標準単価

新旧対比表

ケーソン製作工

※市場単価の価格は『土木施工単価』2024年冬号の東京地区価格を採用している。

1．ケーソンの施工条件設定

この積算事例では，ケーソン製作工における市場単価の各工種（底面工，足場工，鉄筋工，型枠工，コンクリート打設工）について解説する。

なお，施工条件は以下のとおり。

> 鉄筋構造物のケーソン製作とし，施工場所（施設形式）により，陸上施工方式とする。
> ケーソン形状：スリットケーソン
> ケーソン概要：20 m（L）×16.7 m（B）×14.5 m（H）で，マス数16，層数5層
> 製 作 函 数：1函

2．ケーソン製作工の積算フロー

また，ケーソン製作工の積算の流れは以下のとおり。

積算フロー

（注1）『国土交通省港湾土木請負工事積算基準（以下「積算基準」とする。）』により製作日数を算定。
（注2）クレーン類の機種・規格の選定について以下に示す。

【陸上施工方式の場合】

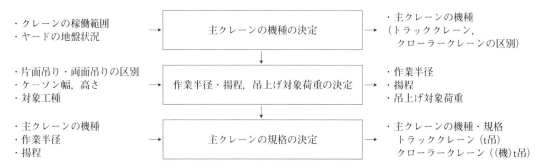

3．市場単価を利用した工種別設計単価の算出

市場単価を利用するにあたっての条件は，工種ごとの適用条件と補正係数とがある。

1）底 面 工

今回の事例では以下の条件とする。
- ・アスファルトルーフィング（22kg/21m・1巻）を敷設。
- ・路盤紙および下地材は使用しない。

◆条件1 適用条件

標準市場単価の構成と範囲の確認

標準市場単価	直接工事費		
区 分	機	労	材
底面工	／	○	○

(注) 標準市場単価は下記の費用を含む。
　　①ルーフィング材料費（22kg/21m・1巻同等品程度）およびその割増し。
　　②下地均し手間。
　　③作業に必要な工具類。
　　ただし，下地材料費（敷砂，シート，合板類）は含まない。

【設計単価の算出】

参考資料は次のとおり。

地区	区 分	適 用	単位	単価	参考資料	備 考
東京	標準市場単価	底面工［市場単価］	㎡	520	土木施工単価	参考値

計算方法は次式による。

> 1．底面ルーフィングのみ敷設施工する場合
> 　　**設計単価＝標準市場単価**
> 2．下地材料（敷砂，シート，合板類）を合わせて施工する場合
> 　　**設計単価＝標準市場単価＋下地材料単価**

よって，本事例における設計単価は以下のようになる。
設計単価＝520（円/㎡）

2）足 場 工

今回の事例では以下の条件とする。
- ・枠組足場（手摺先行型（外足場））の架払い，内足場の架払い。

◆条件1 適用条件

標準市場単価の構成と範囲の確認

標準市場単価	直接工事費		
規 格	機	労	材
クレーン抜き	×	○	○

(注) 標準市場単価は下記の費用を含む。
　　①枠組足場（手摺先行型（外足場））にかかわる費用（建枠，筋違い，板付布枠，ジャッキベース，先行手摺枠，二段手摺，つま先板等）
　　②内足場にかかわる費用
　　ただし，足場材の現場への搬入・搬出費用およびクレーン費用は含まない。

港湾工事市場単価

◆条件2　補正係数

本事例においては，スリットケーソン，施工数量（枠組足場（手摺先行型（外足場））1,163㎡，内足場1,336㎡）を条件とする。

区　分			記　号	補正係数
施工規模補正	ケーソン製作	枠組足場(手摺先行型(外足場))600㎡未満	K_1	0.15
		内足場400㎡未満	K_2	0.1
スリットケーソン補正			K_3	0.05

（注）補正係数の留意事項は以下のとおり。
　　　①施工数量は枠組足場（手摺先行型（外足場）），内足場とも1工事における全体数量で判定する。
　　　②スリットケーソン補正は枠組足場（手摺先行型（外足場）），内足場とも各々の全体面積について補正する。

このため，本事例における補正はスリットケーソン補正のみとなる。

【設計単価の算出】
参考資料は次のとおり。

地区	区　分	適　用	単位	単価	参考資料	備　考
東京	標準市場単価	足場工［市場単価］枠組足場(手摺先行型)クレーン抜き	㎡	2,150	土木施工単価	参考値
東京	標準市場単価	足場工［市場単価］内足場クレーン抜き	㎡	1,650	土木施工単価	参考値

計算方法は次式による。

枠組足場（手摺先行型（外足場））の場合：設計単価＝標準市場単価×（1＋K_1）×（1＋K_3）
内足場の場合：設計単価＝標準市場単価×（1＋K_2）×（1＋K_3）

よって，本事例における設計単価は以下のようになる。
・枠組足場（手摺先行型（外足場））の場合
　設計単価＝2,150（円/㎡）×（1＋0）×（1＋0.05）＝2,258（円/㎡）
・内足場の場合
　設計単価＝1,650（円/㎡）×（1＋0）×（1＋0.05）＝1,733（円/㎡）

3）鉄　筋　工
今回の事例では以下の条件とする。
　・陸上施工方式の鉄筋加工・組立作業。
◆条件1　適用条件
標準市場単価の構成と範囲の確認

標準市場単価 区　分	直接工事費		
	機	労	材
クレーン抜き	×	○	×

（注）標準市場単価は下記の費用を含む。
　　　①組立用の結束線・スペーサーブロック等
　　　②切断機，ベンダー等の雑機械
　　　③鉄筋荷卸しにかかる費用（鉄筋荷卸し用のクレーン費用を含む）
　　　ただし，材料費とその割増し，ガス圧接，溶接費用およびクレーン費用（鉄筋の現場加工・組立用）は含まない。

◆条件２　補正係数

本事例においては，施工数量104.2tを条件とする。

区　分			記　号	補正係数
施工規模補正	ケーソン製作	40t未満	K₁	0.1
スリットケーソン補正			K₂	0.05

(注) 補正係数の留意事項は以下のとおり。
　　①施工規模は１工事における全体数量で判定する。

このため，本事例においては補正なしとなる。

【設計単価の算出】

参考資料は次のとおり。

地区	区　分	適　用	単位	単価	参考資料	備　考
東京	標準市場単価	鉄筋工［市場単価］クレーン抜き	t	66,000	土木施工単価	参考値

計算方法は次式による。

$$設計単価＝標準市場単価×（1＋K_1）×（1＋K_2）$$

よって，本事例における設計単価は以下のようになる。

設計単価＝66,000（円/t）×（1＋0）×（1＋0.05）＝69,300（円/t）

4）型枠工

今回の事例では以下の条件とする。
・スリットケーソンの鋼製型枠の組立・組外し。

◆条件１　適用条件

標準市場単価の構成と範囲の確認

標準市場単価	直接工事費		
区　分	機	労	材
クレーン抜き	×	○	○

(注) 標準市場単価は下記の費用を含む。
　　①鋼製型枠にかかわる費用
　　②グラインダー等の雑機械
　　ただし，型枠材の現場への搬入・搬出費用およびクレーン費用は含まない。

◆条件２　補正係数

本事例においては，スリットケーソン，施工数量1,336㎡を条件とする。

区　分			記　号	補正係数
施工規模補正	ケーソン製作	2,000㎡未満	K₁	0.1
スリットケーソン補正			K₂	0.05

(注) 補正係数の留意事項は以下のとおり。
　　①施工規模は１工事における全体数量で判定する。
　　②スリットケーソン補正は全体面積について補正する。

このため，本事例における補正は施工規模補正およびスリットケーソン補正となる。

港湾工事市場単価

【設計単価の算出】
　　参考資料は次のとおり。

地区	区　分	適　　用	単位	単価	参考資料	備　考
東京	標準市場単価	型枠工［市場単価］ クレーン抜き	㎡	5,100	土木施工単価	参考値

　　計算方法は次式による。

$$設計単価＝標準市場単価 \times (1＋K_1) \times (1＋K_2)$$

　　よって，本事例における設計単価は以下のようになる。
　　設計単価＝5,100（円／㎡）×（1＋0.1）×（1＋0.05）＝5,891（円／㎡）

5）コンクリート打設工

　　今回の事例では以下の条件とする。
　　　　・陸上施工方式とし打設方法はポンプ車方式，養生は一般養生。
　　　　・1日当たりの平均打設量100㎡以上の打設規模。

◆条件1　適用条件

　　標準市場単価の構成と範囲の確認

標準市場単価	直接工事費		
区　分	機	労	材
ポンプ車	○	○	×

(注) 標準市場単価は下記の費用を含む。
　　①バイブレーターの損料および運転経費
　　②一般養生費用
　　③ポンプ車打設の場合は，配管長100ｍまでの配管設備
　　④陸上クレーン打設の場合のバケット費用
　　ただし，材料費とその割増しおよびクレーン費用は含まない。

◆条件2　補正係数

　　本事例においては，1日当たりの平均打設量を100㎡とする。

1日当たりの平均打設量	記号	補正係数
50㎡未満	K	0.1

　　このため，本事例においては補正なしとなる。

【設計単価の算出】
　　参考資料は次のとおり。

地区	区　分	適　　用	単位	単価	参考資料	備　考
東京	標準市場単価	コンクリート打設工［市場単価］ ケーソン製作　ポンプ車 コンクリート運搬含む	㎡	3,600	土木施工単価	参考値

　　計算方法は次式による。

$$設計単価＝標準市場単価 \times (1＋K)$$

　　よって，本事例における設計単価は以下のようになる。
　　設計単価＝3,600（円／㎡）×（1＋0）＝3,600（円／㎡）

◆写真で見る港湾工事の施工手順

ケーソン（参考図）

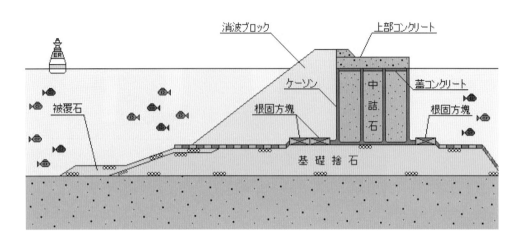

ケーソン製作全景（F・D製作）

根固めブロック

ブロック据付

漁港岸壁

本体工：ケーソン製作工　施工手順

◆底面工

下地均し手間 ⇒ ルーフィング設置

市　場　単　価		機　械	労　務	材　料	備　考
底面工	㎡		○	○	下地材料費含まず

◆マット工（設計に応じて）

マット設置

市　場　単　価		機　械	労　務	材　料	備　考
マット工	㎡	×	○	○	アスファルト
			○	○	ゴム

港湾工事市場単価

◆足場工

足 場 材 搬 入

外足場 内足場

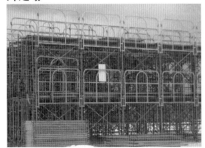 

※港湾工事市場単価足場工は，外足場と内足場に分かれている。

足 場 設 置

市 場 単 価		機 械	労 務	材 料	備 考
足場工	㎡	×	○	○	

◆鉄筋工

鉄筋現場加工

市 場 単 価		機 械	労 務	材 料	備 考
鉄筋工	t	×	○	×	

鉄筋組立状況

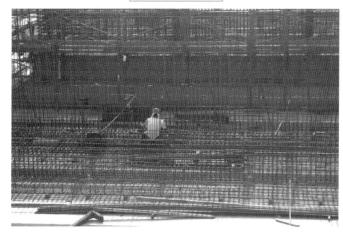

◆型枠工

型枠地組

市 場 単 価		機 械	労 務	材 料	備 考
型枠工	㎡	×	○	○	

港湾工事市場単価

◆型枠工

型枠設置状況

脱型状況

◆コンクリート打設工

ポンプ車による打設

市 場 単 価		機 械	労 務	材 料	備 考
コンクリート 打設工	㎥	○	○	×	ポンプ打
		×	○	×	その他

◆コンクリート打設工

| 一 般 養 生 | 仕 上 が り |

◆吊鉄筋工

市 場 単 価		機 械	労 務	材 料	備 考
吊鉄筋工	t	×	○	×	

港湾工事市場単価

◆ケーソン全景

陸上製作

Ｆ・Ｄ製作

◆上蓋工

市 場 単 価		機 械	労 務	材 料	備 考
上蓋工 取付・取外	函	×	○	×	

取 付

取 外

ケーソン据付け

付属工：施工手順

◆防舷材取付工

市 場 単 価		機 械	労 務	材 料	備 考
防舷材取付工	基	×	○	×	

防舷材取付状況

梯子取付状況

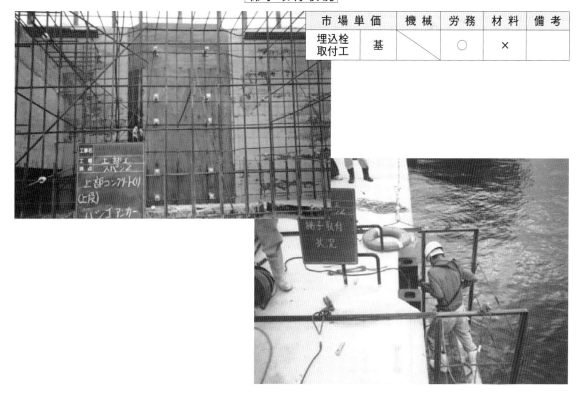

市 場 単 価		機 械	労 務	材 料	備 考
埋込栓取付工	基		○	×	

港湾工事市場単価

◆車止・縁金物取付工・塗装工

車止（被覆鋼板）取付状況

市 場 単 価		機 械	労 務	材 料	備 考
車止	m	×	○	×	取付

中詰コンクリート充填状況

※車止（被覆鋼板）取付は，旧規格となっている。

車止塗装状況

市 場 単 価		機 械	労 務	材 料	備 考
車止 塗装工	㎡		○	○	

車止（二次製品）取付状況

縁金物取付状況

市 場 単 価		機 械	労 務	材 料	備 考
縁金物	m		○	×	取付

縁金物塗装状況

市 場 単 価		機 械	労 務	材 料	備 考
縁金物塗装工	㎡		○	○	

◆係船柱取付工・塗装工

架台製作状況

市場単価		機械	労務	材料	備考
現場架台製作	基		○	○	

係船柱取付状況

市場単価		機械	労務	材料	備考
係船柱取付	基	×	○	×	

中詰コンクリート充填

係船柱塗装状況

市 場 単 価		機 械	労 務	材 料	備 考
係船柱 塗装工	m²		○	○	

◆電気防食工

かきおとし作業状況

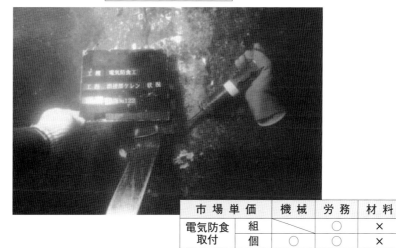

市 場 単 価		機 械	労 務	材 料	備 考
電気防食 取付	組		○	×	金具
	個	○	○	×	陽極

取付金具取付状況

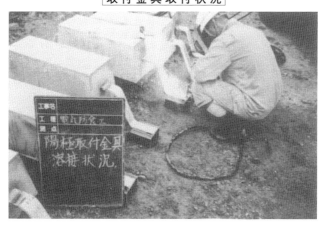

港湾工事市場単価

陽極取付状況

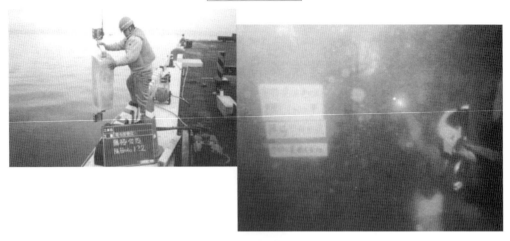

陽極取付完了

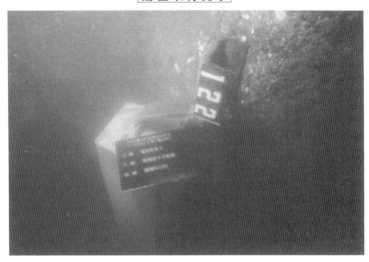

電位測定装置取付状況

市 場 単 価		機 械	労 務	材 料	備 考
電位測定装置取付	個		○	×	

◆防砂目地工（陸上施工）

削孔状況

目地板取付状況

取付完了

港湾工事市場単価

◆防砂目地工（水中施工）

削孔状況

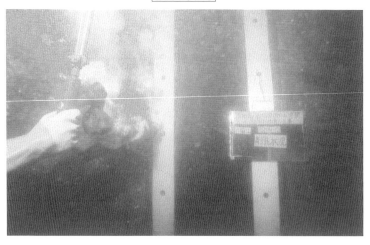

目地板取付状況

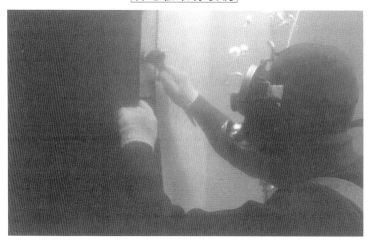

取付完了

土木工事標準単価 ²²¹

適用基準等の解説

土木工事市場単価

下水道工事市場単価

港湾工事市場単価

土木工事標準単価

新旧対比表

区　画　線　工

◆区画線工とは

　道路における交通の安全と円滑な運行をはかるために，道路の利用者に対する案内・誘導・警戒・規制・指示等の情報を，一定の様式化された線や記号等を用いて路面上に標示することを路面標示と呼ぶ。路面標示のうち，道路管理者（国，都道府県，市町村）が道路法（昭和27年法律第180号）に基づいて設置するものを区画線，交通管理者（都道府県の公安委員会）が道路交通法（昭和35年法律第105号）に基づいて設置するものを道路標示といい，この区画線および道路標示の設置，消去を行うものを区画線工という。

施工中

◆標準単価に含む？含まない？

区 画 線 設 置				
材　料	塗料，ガラスビーズ等の材料費		×	含まない。
施　工	作業員や作業用車両の誘導の費用（作業上必要なもの）		○	含む。
	一般の人や車両を誘導する交通誘導警備員の費用		×	含まない。

区 画 線 消 去				
施　工	削り取り式の消去後に行うバーナー仕上げや黒ペイント塗りの費用		×	含まない。
	削り取り式の消去後に発生する削りかすおよび廃材の処理費用（積込，運搬，処分）		○	含む。

◆適用できる？できない？

施　工				
溶融式(手動)	黄色の非鉛系路面標示用塗料（鉛・クロムフリー）を使用する場合		○	適用できる。
	塗布厚が1.5mm以外の場合		○	塗布厚が1.5mmまたは1.0mmの場合は適用できる。
矢印・記号・文字	自転車マークの場合		×	構成する線幅が10cm未満なので適用できない（225頁参照）。
	シール等の貼付式の場合		×	適用できない。
	線幅が15cm以外の場合		△	矢印・記号・文字は，構成する線幅が全て10cm以上であれば，15cm以外の線幅が含まれている場合でも，数量を線幅15cm当たりに換算することにより，掲載価格を適用できる。
仮区画線	仮区画線（仮ライン）の場合		○	適用できる。
駐車場	駐車場の区画線の場合		○	適用できる。
歩道部	歩道部の区画線の場合		○	適用できる。
コンクリート舗装上への設置	コンクリート舗装上に区画線を設置する場合		○	適用できる。
排水性舗装上への設置	排水性舗装上にペイント式の区画線を設置する場合		○	適用できる（補正係数による補正は必要ない）。
コンクリート舗装上の消去	コンクリート舗装上に設置された区画線の消去の場合		×	適用できない。

◆Q & A

Q	A
路面清掃の内容は	塗布する部分のゴミ・泥・ほこり等を除去するためのほうき使用程度の清掃。
「供用区間」と「未供用区間」の適用判断は	「供用」とは，道路を人や車両が通行，利用できるようにすること。従って，「未供用区間」とはバイパス新設などの，供用前の道路区間であり，それ以外は，「供用区間」となる。
破線の場合の数量は	破線の場合の数量は，塗布延長（実際に塗布する部分の延長）とする（下図参照）。

◇破線の場合の数量

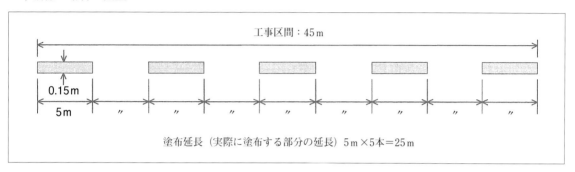

工事区間：45 m

0.15m

5m

塗布延長（実際に塗布する部分の延長）5 m×5本＝25 m

◆小規模工事の場合の算出例

〔例1〕対象規格が1つの場合

名　称・規　格・仕　様	単　位	設計数量	日当たり標準施工量
ペイント式（車載式），実線，15cm，供用区間	m	x1＝750	D1＝3,000

1）判定

　　$x1/D1＝750/3,000＝0.25<1$

　　従って，この場合は，x/D＜1なので，作業量が1日未満で完了する数量の作業に該当する。

2）積算

　　$x1/D1<1/2$より

　　ペイント式（車載式），実線，15cm，供用区間：手間は，$D1/2＝1,500$m分の金額を計上する。

　　　　　　　　　　　　　　　　　　　　　　材料費は，$x1＝750$m分の金額を計上する。

〔例2〕対象規格が複数の場合

名　称・規　格・仕　様	単　位	設計数量	日当たり標準施工量
規格①：溶融式（手動），実線，15cm，供用区間	m	x1＝250	D1＝1,000
規格②：溶融式（手動），実線，45cm，供用区間	m	x2＝55	D2＝550
規格③：区画線消去（削り取り式），15cm換算	m	x3＝100	D3＝300

1）判定

　　$\Sigma(xi/Di)＝x1/D1＋x2/D2＋x3/D3＝250/1,000＋55/550＋100/300＝0.68<1$

　　従って，この場合は，$\Sigma(xi/Di)<1$なので，作業量が1日未満で完了する数量の作業に該当する。

2）積算

　　$\alpha \times \Sigma(xi/Di)＝\alpha \times(250/1,000＋55/550＋100/300)＝1$となる$\alpha$を計算する。

　　　$\alpha＝1.463 \cdots ＝1.46$　　※αは，小数第2位までとし，小数第3位を四捨五入する。

　　修正日当たり標準作業量

　　　　$D'1＝\alpha \times x1＝1.46 \times 250＝365$

　　　　$D'2＝\alpha \times x2＝1.46 \times 55＝80.3＝80$

　　　　　　※修正日当たり標準作業量D'iは，整数とし，小数第1位を四捨五入する。

　　　　$D'3＝\alpha \times x3＝1.46 \times 100＝146$

$1/2 \leqq \sum(x_i/D_i) = 0.68 < 1$ より

規格①：手間は，$D'_1 = 365$m分の金額を計上する。

材料費は，$x_1 = 250$m分の金額を計上する。

規格②：手間は，$D'_2 = 80$m分の金額を計上する。

材料費は，$x_2 = 55$m分の金額を計上する。

規格③：手間は，$D'_3 = 146$m分の金額を計上する。

燃料費は，$x_3 = 100$m分の金額を計上する。

〔例3〕 対象規格にウォータージェット消去を含む場合

名 称・規 格・仕 様	単 位	設計数量	日当たり標準施工量
規格①：溶融式(手動)，実線，15cm，供用区間	m	$x_1 = 600$	$D_1 = 1,000$
規格②：区画線消去(ウォータージェット式 溶融)，15cm換算	m	$x_2 = 200$	$D_2 = 600$

1）判定

※区画線消去（ウォータージェット式）に関しては，他規格と一連の作業とは考えずに判定する。

$x_1/D_1 = 600/1,000 = 0.6 < 1$

$x_2/D_2 = 200/600 = 0.33 < 1$

この場合は，$x_1/D_1 < 1$，$x_2/D_2 < 1$なので，それぞれ作業量が1日未満で完了する数量の作業に該当する。

2）積算

$1/2 \leqq x_1/D_1 < 1$ より

規格①：手間は，$D_1 = 1,000$m分の金額を計上する。

材料費は，$x_1 = 600$m分の金額を計上する。

$x_2/D_2 < 1$ より

規格②は，$D_2 = 600$m分の金額を計上する。

※区画線消去（ウォータージェット式）の施工規模が日当たり標準施工量に満たない場合は，標準単価×日当たり標準施工量を計上する。

◆参　考

◇排水性舗装用に開発された工法・材料（対応製品例）

製品名50音順

種別	対応製品名	メーカー名
専用工法 （専用施工機または通常の手動式 施工機を部分改造したもので施工）	スリットライン	日本ライナー
	トアライナーMR＋α高機能	トウペ
	ヒートラインFC	アトミクス
	ミストライン	キクテック，信号器材
専用材料 （通常の手動式施工機で施工可能）	アトムラインDS	アトミクス
	ジスラインHL	積水樹脂
	トアライナーMR＋α高機能	トウペ
	ニューリバーライン	宮川興業
	フラットライン	キクテック，信号器材
	ラインファルトDL	大崎工業

◇標準単価が適用できない「矢印・記号・文字」の例

構成する線幅が10cm未満のもの，および，シール等貼付式のものには標準単価を適用できない。

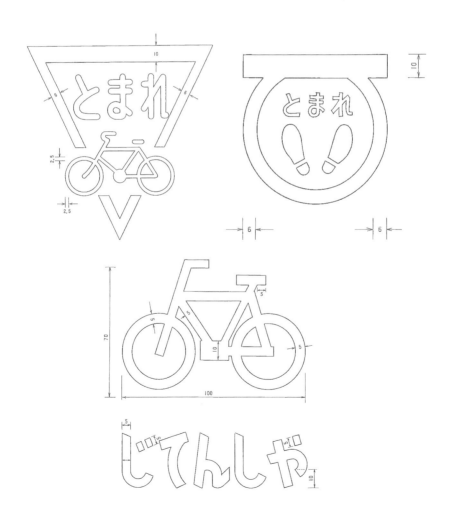

◆写真で見る区画線工の施工手順（設置）

◎区画線設置　溶融式（手動）

1．作図

2．路面清掃

3．プライマー塗布・養生

4．塗料塗布・養生

◎区画線設置　ペイント式（車載式）
塗料塗布

◆写真で見る区画線工の施工手順（消去）

◎区画線消去　削り取り式
消去

◎区画線消去　ウォータージェット式
消去・汚泥吸引

❖ 用 語 解 説 ❖

横断線 （おうだんせん）
道路の車線に対して直角または斜めに引かれた路面標示。標準単価では「ゼブラ」を適用する。

仮区画線 （かりくかくせん）
工事期間中に暫定的に設置する区画線。区画線工と規格仕様が同じであれば，標準単価を適用できる。

区画線 （くかくせん）
道路管理者が道路法に基づいて設置する路面標示をいう。車道の交通区分を示す「車道中央線」「車道境界線」「車道外側線」を始め「歩行者横断指導線」「車道幅員の変更」「路上障害物の接近」「導流帯」「路上駐車」などの8種類がある。
→路面標示，道路管理者

高視認性区画線 （こうしにんせいくかくせん）
夜間や雨天時における視認性の確保や，居眠りや脇見による車線逸脱の防止のために，ライン上にリブ部（突起）を設置したり，再帰反射効果の高いビーズを使用したりする路面標示のこと。高輝度路面標示とも呼ばれる。
→高視認性区画線工「用語解説」

交通誘導警備員 （こうつうゆうどうけいびいん）
警備会社の警備員（警備業法第2条第4項に規定する警備員をいう）で，道路工事現場等で交通の渋滞や事故の発生を未然に防止するために，車線を規制するなどして人や車輌の誘導を行う者をいう。標準単価には含まれておらず，交通誘導警備員を必要とする場合には共通仮設費として別途計上する。

所要材料換算長 （しょようざいりょうかんざんちょう）
矢印・記号・文字等の施工の際に，重複施工する部分を平均20％と見込み，これを施工実延長に加えて，W＝15cmに換算した値。所要数量ともいう。

水性型ペイント式 （車載式） （すいせいがたぺいんとしき （しゃさいしき））
区画線工の工法の一つで，車載式の施工機で施工するもの。揮発性有機化合物（VOC）の濃度を5％未満に抑えた水性型塗料を使用して施工する。溶剤型と同様に，常温型塗料を塗布する常温式と加熱型塗料を塗布する加熱式がある。

道路管理者 （どうろかんりしゃ）
道路法で定められた道路を維持管理する責任者のこと。一般国道で政令により指定された区間は国土交通大臣，その他の一般国道および都道府県道（政令指定都市の域内を除く）は都道府県知事，政令指定都市の域内にあるその他の一般国道，都道府県道および市道は政令指定都市の市長，その他の市町村道は市町村長が道路管理者となる。

道路標示 （どうろひょうじ）
交通管理者（都道府県の公安委員会）が道路交通法に基づいて設置する路面標示をいう。大別して「規制標示」と「指示標示」からなる。→路面標示

トラフィックペイント （とらふぃっくぺいんと）
路面標示に使用する塗料のことで，JISにより規格が統一されており，以下の3規格がある。

JIS 規格	種類	状態
JIS K5665 1種	トラフィックペイント常温型	液状
JIS K5665 2種	トラフィックペイント加熱型	液状
JIS K5665 3種	トラフィックペイント溶融型	粉体状

排水性舗装 （はいすいせいほそう）
表層と基層に空隙率の高い多孔質なアスファルト混合物を用い，下層には路盤以下に水が浸透しないよう不透水層を設けて，雨水が速やかに路肩の排水処理施設に排水されるようにした舗装。排水性舗装に溶融式の区画線を施工する場合は，使用材料のロス率が大きく，施工効率が落ちるため，標準の単価に補正係数を適用する。

プライマー （ぷらいまー）
塗布するところに塗料がのりやすくなるようにする下地材のこと。

溶剤型ペイント式 （車載式） （ようざいがたぺいんとしき （しゃさいしき））
区画線工の工法の一つで，車載式の施工機で施工するもの。揮発性有機化合物（VOC）を約30％含有した溶剤型（油性）の塗料を使用する。常温型塗料を塗布する常温式と，50～80℃に加熱してから使用する加熱型塗料を塗布する加熱式がある。

溶融式 （手動） （ようゆうしき（しゅどう））
区画線工の工法の一つで，トラフィックペイント溶融型（JIS規格3種）を使用し，手動式の施工機で施工するもの。粉体状の材料を170～220℃で加熱溶融し液体状にしてから使用する。

路面標示 （ろめんひょうじ）
道路交通の安全と円滑を図るために必要な案内・誘導・警戒・規制・指示等の情報を，一定の様式化された線や記号等で路面上に標示すること。路面標示は大別して「区画線」と「道路標示」からなる。→区画線，道路標示

路面標示 ┬ 区画線：道路法に基づき，道路管理者が設置

　　　　　├ 道路標示：道路交通法に基づき，交通管理者（都道府県の公安委員会）が設置

　　　　　└ その他

土木工事標準単価

高 視 認 性 区 画 線 工

◆高視認性区画線工とは

　夜間や雨天時における視認性の確保や，居眠りや脇見による車線逸脱の防止のために，ライン上にリブ部（突起）を設置したり，通常よりも再帰反射効果の高いビーズを使用したりする区画線，道路標示のことを高視認性区画線といい，この高視認性区画線の設置，消去を行うものを高視認性区画線工という。

◆標準単価に含む？含まない？

高 視 認 性 区 画 線 設 置			
材 料	塗料，ガラスビーズ等の材料費	×	含まない。
施 工	作業員や作業用車両の誘導の費用（作業上必要なもの)	○	含む。
	一般の人や車両を誘導する交通誘導警備員の費用	×	含まない。

高 視 認 性 区 画 線 消 去			
施 工	消去後に行うバーナー仕上げや黒ペイント塗りの費用	×	含まない。
	消去後に発生する削りかすおよび廃材の処理費用（積込，運搬，処分)	○	含む。

◆適用できる？できない？

施 工			
共通	リブ部のみ施工する場合	×	適用できない。
	ライン部のみ施工する場合	×	適用できない。
	2液反応式を使用する場合	×	適用できない。
	貼付式を使用する場合	×	適用できない。
歩道部	歩道部に設置する場合	○	適用できる。
消去の方法	ウォータージェット式の場合	×	適用できない。現行の消去は，削り取り式のみを対象としている。
排水性舗装上への設置および消去	排水性舗装上に設置する場合または消去する場合	×	適用できない。

◆Q & A

Q	A
路面清掃の内容は	塗布する部分のゴミ・泥・ほこり等を除去するためのほうき使用程度の清掃。
「供用区間」と「未供用区間」の適用判断は	「供用」とは，道路を人や車両が通行，利用できるようにすること。従って，「未供用区間」とはバイパス新設などの，供用前の道路区間であり，それ以外は，「供用区間」となる。

◆直接工事費の算出例

〔例１〕対象規格が１つの場合

名　称・規　格・仕　様	単　位	設計数量	日当たり標準施工量
リブ式(溶融式)，実線，15cm，供用区間	m	x1＝450	D1＝750

1）判定

x1/D1＝450/750＝0.6＜1

従って，この場合は，x/D＜1なので，作業量が１日未満で完了する数量の作業に該当する。

2）積算

1/2≦x1/D1＜1より

リブ式（溶融式），実線，15cm，供用区間：手間は，D1＝750m分の金額を計上する。

材料費は，x1＝450m分の金額を計上する。

〔例２〕対象規格が複数（リブ式と非リブ式が混在する）の場合

名　称・規　格・仕　様	単　位	設計数量	日当たり標準施工量
規格①：リブ式(溶融式)，実線，15cm，供用区間	m	x1＝450	D1＝750
規格②：非リブ式(溶融式)，実線，15cm，供用区間	m	x2＝375	D2＝750

1）判定

Σ(xi/Di)＝x1/D1＋x2/D2＝450/750＋375/750＝1.1＞1

従って，この場合は，Σ(xi/Di)＞1なので，作業量が１日未満で完了する数量の作業に該当しない。

2）積算

規格①：手間は，x1＝450m分の金額を計上する。

材料費は，x1＝450m分の金額を計上する。

規格②：手間は，x2＝375m分の金額を計上する。

材料費は，x2＝375m分の金額を計上する。

土木工事標準単価

◆高視認性区画線工　対応製品例

製品名50音順

標準単価の規格・仕様		対 応 製 品 名	メ ー カ ー 名
リブ式	溶融式	グローライン	大崎工業
		トアライナーMR＋α高輝度LV	トウペ
		ニューレインスター	キクテック
		ニューレインスターメガルクス	積水樹脂
		バイブラライン	信号器材，日本ライナー
		レインフラッシュラインスーパー レインフラッシュラインHV	アトミクス
非リブ式	溶融式	グリットライン	キクテック，信号器材
		ジスラインスーパーメガルクス	積水樹脂
		ジスラインスーパープレミアム	
		トアライナーMR＋α高輝度	トウペ
		ミストラインスーパー	信号器材
		ラインファルトグリッパーHR	大崎工業
		レインフラッシュグルービー	アトミクス

❖ 用 語 解 説 ❖

高視認性区画線（こうしにんせいくかくせん）

夜間や雨天時における視認性の確保や，居眠りや脇見による車線逸脱の防止のために，ライン上にリブ部（突起）を設置したり，再帰反射効果の高いビーズを使用したりする路面標示のこと。高輝度路面標示とも呼ばれる。

再帰反射（さいきはんしゃ）

入射した光が再び入射方向へ帰る反射現象のこと。路面標示材に使用されるガラスビーズには屈折・反射作用があり，ヘッドライトの光を受けると光源である車両に向かって反射する。

2液反応式（にえきはんのうしき）

主剤と硬化剤を混合して固化させる2液反応型のアクリル樹脂系塗料を使用して区画線・道路標示を施工する工法。専用の施工機を用いて，下地ライン部を施工後に，半球状のリブ部を設置し，硬化乾燥前にガラスビーズを散布固着させる。

貼付式（はりつけしき）

裏面に接着剤のついたシール式の路面標示材を貼り付ける工法。

非リブ式（ひりぶしき）

再帰反射のよい高屈折ビーズや大粒径ビーズなどを混入し，通常よりも視認性を向上させた，加熱溶融型の路面標示用塗料を使用する工法。リブ式よりも騒音が小さいので，市街地等で使用される。

溶融式（ようゆうしき）

加熱溶融型の路面標示用塗料を使用して区画線・道路標示を施工する工法。リブ式と非リブ式があり，リブ式の場合は，専用の施工機を用いて，下地ライン部とリブ部を同時に成型する。また，再帰反射効果の高いガラスビーズを併用する。

リブ（りぶ）

突起部を指す。高視認性区画線のリブの形状には半球状，台形状，線状などさまざまなものがある。

リブ式（りぶしき）

ライン上にリブ部を設ける工法。リブ部が冠水しないので降雨時にも再帰反射が保たれるほか，車両が通過する際に発生する振動や摩擦音により，運転者に車線逸脱の注意喚起を促す。

◇リブ式（溶融式）

◇リブ式（2液反応式）

◇リブ式（貼付式）

◇非リブ式（溶融式）

土木工事標準単価

排 水 構 造 物 工

◆排水構造物工とは

　排水構造物工全体のうち，標準単価では，プレキャスト製品によるU型（落蓋型，鉄筋コンクリートベンチフリュームを含む）側溝，自由勾配側溝および蓋版の設置，再利用撤去工事を対象としている。

◆標準単価に含む？含まない？

材 料・施 工		
側溝本体および蓋版本体の材料費	×	含まない。
基礎砕石部の材料費（砕石材料費）	×	含まない。
打設コンクリート（基礎コンクリート・底部コンクリート）の材料費	×	含まない。
U型（落蓋型，鉄筋コンクリートベンチフリュームを含む）側溝に使用する敷モルタルの費用	○	含む。モルタルに代えて，砂を使用することもできる。
自由勾配側溝における基礎コンクリート打設に使用する型枠費用	○	型枠使用の有無は問わない。型枠を使用する場合も，しない場合も標準単価を適用できる。
特殊養生および雪寒仮囲いの費用	×	含まない。
一般養生の費用	○	含む。

◆適用できる？できない？

施 工		
地すべり防止施設および急斜崩壊対策施設における側溝の設置工事の場合	×	適用できない。
再利用を目的とする側溝本体および蓋版本体の撤去工事の場合	○	適用できる。ただし，撤去の対象は本体のみであり，基礎部分の撤去は含まない。
再利用を目的としない撤去工事の場合	×	「構造物とりこわし工」を適用。
基礎砕石を使用しない場合	○	適用できる。「基礎砕石を使用しない場合」の補正係数K_5で，対象となる規格・仕様の単価を補正する。
U型（落蓋型，鉄筋コンクリートベンチフリュームを含む）側溝で，敷モルタルの代わりに，基礎コンクリートを施工する場合	×	適用できない。敷モルタルについては材工共で含まれるのが標準。
U型（落蓋型，鉄筋コンクリートベンチフリュームを含む）側溝で，敷きモルタルに加えて，基礎コンクリート・均しコンクリートを施工する場合	○	適用できる。ただし，基礎コンクリート・均しコンクリートの材料費および打設手間を別途計上する。
U型側溝，自由勾配側溝において，目地モルタルを使用しない場合	○	目地モルタルの施工の有無は問わない。ただし，樹脂モルタル（シール材等）を施工する場合は，その材料費・設置手間を別途計上する。
移設時の設置工事の場合	○	適用できる。
受枠がない場合の蓋版（鋼製）設置および再利用を目的とする撤去工事の場合	○	蓋版（鋼製）設置および再利用を目的とする撤去工事は受枠の有無にかかわらず適用できる。

◆**Q & A**

Q	A
設置・撤去作業が人力で行われても，機械施工であっても，どちらにも適用できるか	どちらにも適用できる。
敷モルタルは練りか空練か	どちらにも適用できる。
他現場から発生したリサイクル品の再利用や移設工事などで材料が発注者から支給される場合でも適用できるか	適用できる。
L＝1,000，4,000について	補正係数K₁，K₂で対象となる規格・仕様の単価を補正する。詳細は，直接工事費の算出例(次頁)を参照。

◆**重複する補正係数の適用について**

補正係数が重複する場合は下表に従い，適用する補正係数を選択する。

区　分	記　号	K_1	K_2	K_3	K_4	K_5	K_6
L＝1,000	K_1		－	○	○	○	○
L＝4,000	K_2	－		○	○	○	○
法面小段面	K_3	○	○		－	○	○
法面縦排水	K_4	○	○	－		○	○
基礎砕石なし	K_5	○	○	○	○		－
再利用撤去	K_6	○	○	○	○	－	

凡例
　○：重複して適用可能。
　－：重複して適用不可（一つのみ選択，重複することがないなど）。
　表中の記号：重複した場合に適用する記号。
（「本誌の利用にあたって」を参照）

・上記の補正係数の内容説明
　(1) 法面小段面K₃・法面縦排水K₄：下記の【**法面参考図**】参照。

【**法 面 参 考 図**】

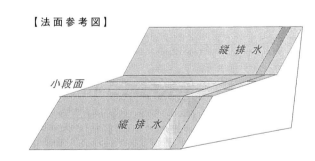

　(2) 基礎砕石を施工しない場合K₅：施工面が岩である等の理由から基礎砕石を必要としない現場の場合を対象。
　(3) 再利用撤去K₆：側溝本体もしくは蓋版本体の再利用を目的とした撤去作業。撤去の対象は本体のみであり，基礎部分の撤去は含まない。

◆直接工事費の算出例

〔例〕施工条件：「L＝1,000を使用する場合の補正係数（K₁）」あり，その他の補正条件なし

L＝1,000を使用する場合の単価算出

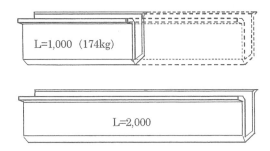

敷設するU型側溝本体の長さ（L）が1,000mmである場合，まず対象となる側溝本体が「2mであったなら質量は何kgになるのか」を算出することによって，補正の対象となる規格・仕様を見つけ出す必要がある。

例えば，長さ（L）1,000mmであれば，個当たり質量を2倍すれば長さ（L）2,000mm相当の質量となるため，この場合は以下のように算出される。

174（kg）×2＝348kg（長さ2,000mm相当に換算した時の質量）

よって，上図のU型側溝（L＝1,000mm）が補正の対象としている規格・仕様は「U型側溝　L＝2,000　1,000kg/個以下」となる。

次に，規格・仕様「U型側溝　L＝2,000　1,000kg/個以下」の単価を「L＝1,000を使用する場合の補正係数（K₁）」で補正し，単価を求める。

【算出例】

○，○○○円/m（U型側溝　L＝2,000　1,000kg/個以下の単価）×1.17（K₁）

＝U型側溝　L＝1,000mm（質量174kg）の単価（円/m）

項目名称	規　格	数　量	単　位	単　価	金　額	備　考
排水構造物工	U型側溝 L=2,000　1,000kg/個 以下【手間のみ】	30	m	Q=3,579×（1.17） =4,187	125,610	参考値
合　計（直接工事費）					125,610	

Q：補正後の標準単価　　Q＝P×（K₁×K₂×…×K₆）

P：土木工事標準単価（掲載単価）　　　　Kn：補正係数

◆写真で見る排水構造物工の施工手順

◎U型側溝

1．基礎砕石

2．敷モルタル

3．据付

◎自由勾配側溝

1．基礎砕石

2．基礎コンクリート

3．据付

4．底部コンクリート打設

土木工事標準単価

コンクリートブロック積工

◆コンクリートブロック積工とは

　勾配が1割未満（1：1.0未満）の法面に対し、法面の侵食、風化等による法面崩壊防止を目的とし、JISタイプ（JISで規定する形状・寸法）の積ブロック（間知・ブロック重量150kg/個未満）を使用し、ある程度の土圧にも対応するもたれ式土留め構造物として施工する。

◆標準単価に含む？含まない？

材　料・施　工		
積ブロックの材料費	×	含まない。
基礎砕石の費用	×	含まない。
基礎コンクリートの費用	×	含まない。
裏込砕石の費用	×	含まない。
練積の場合の胴込・裏込コンクリートの費用	△	材料費は含まないが、打設手間は含む。
空積の場合の胴込砕石の費用	△	材料費は含まないが、手間は含む。
天端コンクリートの費用	×	含まない。
小口止コンクリートの費用	×	含まない。
調整コンクリートの費用	○	含む。
調整コンクリートの特殊養生および雪寒仮囲いに対する費用	×	含まない。
調整コンクリートの一般養生の費用	○	含む。
積ブロックおよび調整コンクリートの材料ロス分の費用	○	含む。
吸出し防止材を全面に施工する費用	×	含まない。ただし、部分張りの場合は含む。
遮水・止水シートの費用	×	含まない。
足場の費用	×	含まない。ただし、簡易足場は含む。

◆適用できる？できない？

材　料		
JISタイプ・質量150kg/個未満の間知ブロックで粗面ブロック、化粧ブロックを使用する場合	○	適用できる。
JIS以外の積ブロックを使用する場合	×	適用できない。ただし、JISで規定する形状・寸法の積ブロック（JIS準拠品）は適用できる。

施　工		
布積み、谷積みの場合	○	適用できる。
勾配が1割以上(1：1.0以上)の法面に対し施工する場合	×	適用できない。
作業半径が8.5mを超える場合、または吊上げ高さが5.8mを超える場合	×	適用できない。

◆Q & A

Q	A
施工面積（㎡）の捉え方は	調整コンクリートを含んだ面積で計上。
JISタイプとは	JISで規定する形状・寸法。
練積とは	胴込・裏込コンクリートを用いて，ブロックを積む場合。なお，練積では，裏込コンクリートを使用しない場合がある。その場合は，補正係数（K_1）で単価を補正する。
空積とは	胴込・裏込コンクリートを用いず，ブロックを積む場合。なお，その場合は，補正係数（K_2）で単価を補正する。
標準単価に含むとされる目地，水抜きパイプとはどういう製品か	月刊「積算資料」掲載の瀝青目地板や塩ビ管など，一般的な素材を指し，明らかに特殊な目地材や水抜きパイプ（ウィープホール）は，別途考慮が必要。

◆重複する補正係数の適用について

補正係数が重複する場合は下表に従い，適用する補正係数を選択する。

区　分	記号	K_1	K_2
裏込コンクリートなし	K_1		－
空　　積	K_2	－	

凡例

　　○：重複して適用可能。

　　－：重複して適用不可（一つのみ選択，重複することがないなど）。

　　表中の記号：重複した場合に適用する記号。

　　（「本誌の利用にあたって」を参照）

◆直接工事費の算出例

〔例〕施工条件：裏込コンクリートを使用しない，他の補正条件はなし

項目名称	規　格	数　量	単　位	単　価	金　額	備　考
コンクリートブロック積工	コンクリートブロック積工【手間のみ】	200	㎡	Q=11,410×(0.92) =10,490	2,098,000	参考値
		合　計（直接工事費）			2,098,000	

Q：補正後の標準単価　Q＝P×（K_1 or K_2）

P：土木工事標準単価（掲載単価）　　　Kn：補正係数

土木工事標準単価

〈参考図１〉コンクリートブロック積工の適用範囲

ブ ロ ッ ク	法 勾 配	垂 直 高 さ
※JISタイプの間知ブロック 質量150kg/個未満	1：N＝1：1.0未満 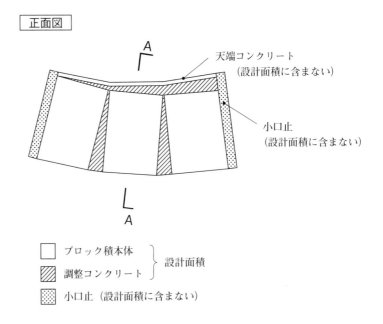 法勾配（1：N）	※練積…7 m以下 ※空積…3 m以下

※JISタイプ，練積，空積は，**適用にあたっての留意事項Q＆A**参照。

〈参考図２〉コンクリートブロック積工（調整コンクリート・小口止）

正面図

天端コンクリート
（設計面積に含まない）

小口止
（設計面積に含まない）

□ ブロック積本体 ⎫
▨ 調整コンクリート ⎬ 設計面積
▦ 小口止（設計面積に含まない）

〈参考図3〉 代表的な標準品の形状図例

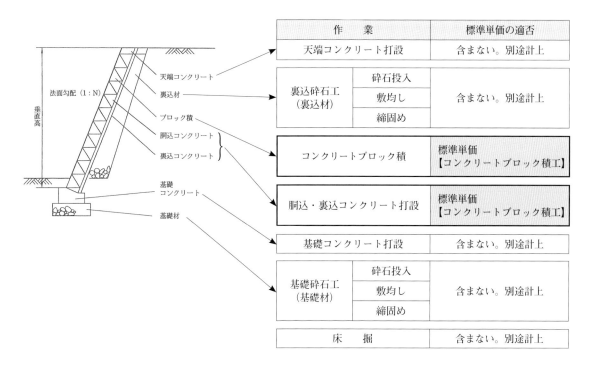

作　　業		標準単価の適否
天端コンクリート打設		含まない。別途計上
裏込砕石工 （裏込材）	砕石投入	含まない。別途計上
	敷均し	
	締固め	
コンクリートブロック積		標準単価 【コンクリートブロック積工】
胴込・裏込コンクリート打設		標準単価 【コンクリートブロック積工】
基礎コンクリート打設		含まない。別途計上
基礎砕石工 （基礎材）	砕石投入	含まない。別途計上
	敷均し	
	締固め	
床　　掘		含まない。別途計上

〈参考図4〉 JISタイプの形状・種類

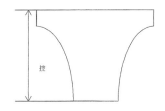

種　類	面の形状	面の寸法（単位：mm）			施工面積 1㎡当たりの個数
		幅	高さ	控	
1	長方形	490	240	350	8.5
2		400	250	350	10.0
3		450	250	350	8.9
4		500	250	350	8.0
5		420	280	350	8.5
6		424	283	350	8.3
7		350	300	350	9.5
8		360	300	350	9.3
9		400	300	350	8.3
10		450	300	350	7.4
11		500	300	350	6.7
12		400	350	350	7.1
13	正方形	300	300	350	11.1
14		330	350	350	9.2
15		350	350	350	8.2
17	正六角形	190（1辺の長さ）		350	10.7
18		200（1辺の長さ）		350	9.6

土木工事標準単価

◆写真で見るコンクリートブロック積工の施工手順

◎ブロック積工

１．コンクリートブロック積工

２．胴込・裏込コンクリート打設

橋　梁　塗　装　工

◆橋梁塗装工とは

　鋼道路橋等の防錆を目的に新設橋の架設現場および既設橋の塗替現場で行われる塗装前作業および塗装作業である。

◆標準単価に含む？含まない？

塗装前作業（新橋現場塗装・新橋継手部現場塗装・塗替塗装）			
施　工	塗装足場の設置作業の費用	×	含まない。
	準備・補修および清掃・水洗い作業における水洗い作業の費用	○	含む。水洗い作業の有無は問わない。
	準備・補修における下塗り損傷箇所の補修塗り《タッチアップ》作業の費用	○	含む。補修塗り《タッチアップ》作業の有無は問わない。
	防護工（ブラスト処理時の粉塵飛散防止対策），安全対策にかかる費用	×	含まない。
	素地調整3種ケレンにおける鋼材露出部への簡易的な部分塗り《タッチアップ》作業の費用	○	含む。部分塗り《タッチアップ》作業の有無は問わない。
	新橋塗装の継手部素地調整（動力工具処理）および塗替塗装の2種ケレン，3種ケレン，4種ケレンで発生したケレンかすの処理費	○	処理に要する費用（回収・積込・運搬・処分）を含む。
	新橋塗装の継手部素地調整（ブラスト処理）および塗替塗装の1種ケレンで発生したケレンかす，および研削材の処理費	△	回収・積込は「研削材およびケレンかす回収・積込工」の規格を適用。運搬および処分に要する費用は含まない。

塗装作業（新橋現場塗装・新橋継手部現場塗装・塗替塗装）			
材　料	塗料および希釈材の費用	○	含む。
施　工	塩分管理にかかる費用	×	含まない。
	防護工（スプレー塗装の飛散防止対策），安全対策にかかる費用	×	含まない。

◆適用できる？できない？

施　工		
ブラスト機による素地調整の場合	○	適用できる。
塗替塗装の旧塗膜除去後（塗膜剥離剤等）の素地調整（1種ケレン）	○	適用できる。
ケレンかす・研削材の同時回収式ブラスト機による素地調整の場合	×	適用できない。
工場内における塗布前作業の場合	×	適用できない。
工場内における塗装作業の場合	×	適用できない。
エアレス等の吹付機を使用した塗装作業の場合	△	新橋現場塗装・新橋継手部現場塗装の場合 → 適用できない。塗替塗装の場合 → 適用できる。
静電気力を利用したスプレー塗装の場合	×	適用できない。

対象構造物		
鋼道路橋（鋼桁構造）の場合	○	適用できる。詳細は『土木施工単価』を参照。
鋼道路橋（箱桁構造）の場合	○	適用できる。詳細は『土木施工単価』を参照。
鋼道路橋（弦材を有する構造）の場合	○	適用できる。詳細は『土木施工単価』を参照。
横断歩道橋（各種）・側道橋（各種）の場合	○	適用できる。
高欄の場合	○	適用できる。
道路付属物（標識・防護柵等）の場合	×	適用できない。
鋼板圧着工法による床版補強鋼板の場合	○	適用できる。
鋼板圧着工法以外の工法による床版補強鋼板の場合	×	適用できない。

土木工事標準単価

◆Q & A

Q	A
新橋現場塗装とは	工場にて一般部下塗り塗装済みの製品に対し，現場にて塗装すること。
新橋継手部現場塗装とは	現場にて継手部のみ塗装すること。
「新橋現場塗装における継手部への中・上塗りには新橋継手部現場塗装の補正（K_5）は適用しない」の意味は	新橋現場塗装の中塗り，上塗りは，一般部と継手部の塗装作業が連続して行えるため補正の必要がない。
素地調整とは	鋼材面と塗膜との密着性を阻害する要因（さび，黒皮，劣化塗膜等）を除去するために行う作業。①ブラスト機 ②動力工具（サンダー等）③手作業用工具等を使用するのが一般的。
ケレンかすの「処理」と「処分」とは	廃棄物処理法では以下のように使い分けている。 処理：廃棄物の回収・積込・運搬・中間処理・最終処分まで。 処分：廃棄物の中間処理，最終処分のみ。
3種ケレンに含まれるタッチアップとは	ケレン作業によって鋼材面まで露出した箇所に対する部分補修。
「中彩A／B」の分類は また，標準単価の淡彩，濃彩，赤系の分類は	月刊「積算資料」参照 ／ 標準単価規格 赤系 ／ 赤系 青・緑系，黄・オレンジ系 ／ 濃彩 中彩A，中彩B，淡彩 ／ 淡彩

◆重複する補正係数の適用について

項　目	記　号	K_1	K_2	K_3	K_4	K_5	K_6
箱桁構造密閉部	K_1		K_1	－	－	－	－
横断歩道橋・側道橋	K_2	K_1		K_3	K_4	K_5	K_6
弦材を有する構造	K_3	－	K_3		K_4	K_5	K_6
高欄部単独	K_4	－	K_4	K_4			K_6
新橋継手部	K_5	－	K_5	K_5	－		－
床板補強鋼板	K_6	－	K_6	K_6	K_6		

凡例
　－：重複して適用不可（一つのみ選択，重複することがないなど）。
　表中の記号：重複した場合に適用する記号。
（「本誌の利用にあたって」を参照）

◆直接工事費の算出例

〔例〕施工条件：一般構造の横断歩道橋　塗替塗装　Rc-Ⅲ系（淡彩）　昼間施工

💡　構造物補正に注意

　　➡対象構造物が歩道橋であるため，横断歩道橋・側道橋補正（K_2）を適用する。

項目名称	規　格	数　量	単　位	単　価	金　額	備　考
清掃・水洗い		600	㎡	$Q=146.2\times(1+0/100)$ $\times1.20=175.4$	105,240	参考値
素地調整	3種ケレンC	600	㎡	$Q=734.8\times(1+0/100)$ $\times1.25=918.5$	551,100	参考値
下塗り塗装	弱溶剤形変性エポキシ樹脂塗料（鋼板露出部のみ）	—	㎡		0	補修塗装は3種ケレンに含む
下塗り塗装	弱溶剤形変性エポキシ樹脂塗料（はけ・ローラー）×2層	600	㎡	$Q=1,485\times(1+0/100)$ $\times1.16=1,722$	1,033,200	参考値
中塗り塗装	弱溶剤形ふっ素樹脂塗料用淡彩（はけ・ローラー）	600	㎡	$Q=727.2\times(1+0/100)$ $\times1.16=843.5$	506,100	参考値
上塗り塗装	弱溶剤形ふっ素樹脂塗料淡彩（はけ・ローラー）	600	㎡	$Q=1,065\times(1+0/100)$ $\times1.16=1,235$	741,000	参考値
合　計（直接工事費）仮設工（足場工・防護工等）含まず					2,936,640	

Q：補正後の標準単価　　$Q=P\times K_n$
P：標準単価（掲載単価）　　　　K_n：補正係数

◆新橋現場塗装工事，かつ塗装系が複数ある場合の算出方法

　鋼桁構造の一般橋梁において，一般部900㎡，継手部200㎡，合計1,100㎡の新橋現場塗装工事の場合を例にすると，

対象構造物の構造は…鋼桁の一般橋梁。
↓
補正係数（K_1〜K_4およびK_6）は適用しない。
↓
新橋継手部補正係数（K_5）は…継手部下塗り塗装のみが対象。
↓
継手部の中塗り・上塗りに新橋継手部補正係数（K_5）は適用しない。
↓
① 新橋継手部素地調整：P（標準単価）×200㎡（対象面積）
② 継手部下塗り塗装：P（標準単価）×K_5（新橋継手部補正）×200㎡（対象面積）
③ 準備・補修：P（標準単価）×（900＋200）㎡（全体面積）
④ 塗装（中塗り塗装）：P（標準単価）×（900＋200）㎡（全体面積）
⑤ 塗装（上塗り塗装）：P（標準単価）×（900＋200）㎡（全体面積）

　このように，新橋現場塗装と新橋継手部現場塗装とでは，新橋継手部現場塗装の補正係数（K_5）の適用対象が異なる。

土木工事標準単価

◆参考図

【清掃種別選定フロー】国土交通省の場合

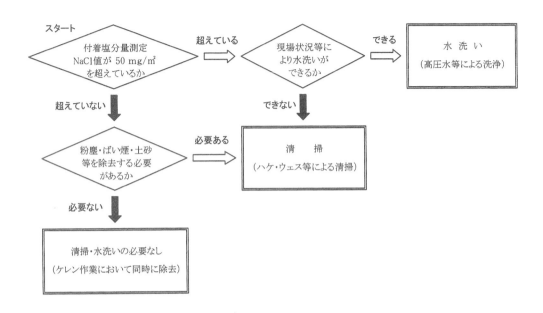

構造物とりこわし工

◆構造物とりこわし工とは

　構造物とりこわし工の標準単価は，河川，砂防，道路工事における既設コンクリート構造物に対して，大型ブレーカ，コンクリート圧砕機，もしくはコンクリートブレーカを用い，30cm程度に破砕する工事を対象とする。

◆標準単価に含む？含まない？

材　料・施　工		
コンクリート廃材の二次破砕(30cm未満に小割)の費用	×	含まない。
有筋構造物における鉄筋の切断費用	○	含む。ただし，鉄筋を除去する費用は含んでいない。
30cm程度に破砕されたコンクリート廃材の無筋，有筋別等の分別費	×	含まない。
破砕されたコンクリート廃材の運搬費，処分費	×	含まない。ただし，現場内仮置き費用，積込み費用は含む。
チゼルの損耗費	○	含む。
機械設置基面を変えるための，機械設置基面に対する造成（作業構台，盛土，掘削等）作業の費用	×	含まない。
施工機械の現場までの運搬費	×	含まない。共通仮設費で別途計上。

◆適用できる？できない？

施　工		
ロングアーム等を装備し，施工基面（機械設置基面）より上下5mを超えて施工できる機種を用いる場合	×	適用できない。
ワイヤーソー（別途加算）などで大割りした後，30cm程度まで破砕する場合	○	適用できる。
コンクリート廃材を30cm未満にまで破砕する場合（現場内利用等を目的とする場合）	×	適用できない。ただし，30cm程度に破砕して，30cm未満に小割する費用を別途計上する場合は標準単価を適用できる。
PC・RC橋上部工および鋼橋床版の場合	○	鉄筋構造物を適用。ただし，ブロック施工による旧橋撤去には適用できない。
とりこわし後，現場内に仮置きして，積み込む場合	○	適用できる。
「構造物とりこわし工」に伴う「コンクリートはつり（平均はつり厚6cm以下）」の場合	×	適用できない。別途基準あり。
コア抜きして内部を広げて破砕する工法（バースター工法）の場合	×	適用できない。
港湾工事の場合	△	陸上施工であれば適用できる。海上施工および水中構造物については適用できない。

土木工事標準単価

◆Q＆A

Q	A
無筋構造物と鉄筋構造物の区分は	無筋構造物と鉄筋構造物の区分は一般的な定義によるものとする。乾燥収縮によるひび割れ対策の鉄筋程度を含むものは無筋構造物とする。
機械施工とは	主たる作業機械として，大型ブレーカないし，コンクリート圧砕機を使用する場合。破砕片の積込方法はバックホウによる機械積込。
補正係数の「低騒音・低振動対策：K₁」の対象は	地域住民に対する配慮等から，低騒音・低振動対策として圧砕機を使用する工事の場合は補正係数K₁で補正する。低騒音・低振動対策等の必要性がなく，施工者の都合により圧砕機を使用する場合は「機械施工」の単価を適用し，K₁の補正は行わない。
人力施工とは	コンクリートブレーカによる破砕。選択の目安としては，重機が使用できない狭い場所，部分的なとりこわしが必要な場合。破砕片の積込方法は人力積込。

◆直接工事費の算出例

〔例〕施工条件：低騒音・低振動対策あり

項目名称	規格	数量	単位	単価	金額	備考
構造物とりこわし工	無筋構造物 機械施工	20	㎥	Q＝6,100×(1.30) ＝7,930	158,600	参考値
	有筋構造物 機械施工	20	㎥	Q＝11,500×(1.14) ＝13,110	262,200	参考値
合 計（直接工事費）					420,800	

Q：補正後の標準単価　Q＝P×(K₁)
P：土木工事標準単価（掲載単価）　　　Kn：補正係数

◆設計・積算・施工等における留意事項

（1）コンクリート構造物を破砕する場合には，工事現場の周辺の環境を十分考慮し，コンクリート圧砕機，ブレーカ，膨張剤等による工法から，適切な工法を選定しなければならない。

（2）とりこわしに際し小割を必要とする場合には，トラックへ積込み運搬可能な程度にブロック化し，騒音，振動の影響の少ない場所で小割する方法を検討しなければならない。なお，積込み作業等は，不要な騒音，振動を避けて，ていねいに行わなければならない。

（3）コンクリート構造物をとりこわす作業現場は，騒音対策，安全対策を考慮して必要に応じ防音シート，防音パネル等の設置を検討しなければならない。

◆参考資料

◇大型ブレーカ

　ショベル系掘削機（バックホウなど）のアーム先端部分に，岩等破砕用の1本爪（チゼル）を取り付けたもので，岩などの掘削破砕に用いる。

　規格は一般に油圧ブレーカ部の質量（kg級）で表す。

〔大型ブレーカ〕

◇コンクリートブレーカ

　コンクリート等破砕のための手持式ブレーカで，空圧式と油圧式があるが，構造の簡単な空圧式が一般的である。

　規格は一般にブレーカの質量（kg）で表す。

　小型のもの（空圧式7.5kg程度）はピックハンマと呼ばれる。

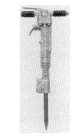

〔コンクリートブレーカ〕

◇コンクリート圧砕機

　ショベル系掘削機（バックホウなど）のアーム先端部分に，破砕対象物をはさみ込み，油圧力で圧砕する装置を取り付けたもので，コンクリート構造物，道路舗装部などのとりこわし（都市部などの工事環境対策，リサイクルなど）に用いる。

　規格は一般に破砕力（kN(t)）で表す。

〔コンクリート圧砕機〕

出典「改訂　建設機械経費の積算」（一財）経済調査会

◆施工例

1．大型ブレーカによるとりこわし

2．コンクリート圧砕機によるとりこわし

機 械 式 継 手 工

◆**機械式継手工とは**

　機械式継手工とは，鉄筋の端部にスリーブやカプラー等の継手部品を取り付けて鉄筋と鉄筋を機械的に接合する工法である。

◆**標準単価に含む？含まない？**

材　料・施　工		
機械式継手の材料費	×	含まない。材料費については月刊「積算資料」を参照。
グラウト材の材料費	△	ねじ節鉄筋継手は有機系グラウト材の材料費を含む。
接合する鉄筋の材料費	×	含まない。
現場における精密切断の費用	×	含まない。
スリーブ圧着ネジ継手の継手加工費および圧接費	×	含まない。スリーブ圧着ネジ継手の材料費に含む。
摩擦圧接ネジ継手の摩擦圧接費用	×	含まない。摩擦圧接ネジ継手の材料費に含む。

◆**適用できる？できない？**

施　工		
無機系グラウト材を使用する場合	×	適用できない。
ロックナット付ねじ節鉄筋継手を使用する場合	×	適用できない。
コンクリート打継面の場合	×	適用できない。
プレキャストコンクリート（継手内蔵）の場合	×	適用できない。
モルタル充填継手の場合	×	適用できない。
径違い鉄筋を接合する場合	○	適用できる。単価は上位規格を使用する。
建築工事で使用する場合	×	適用できない。

土木工事標準単価

◆参考図

機式鉄筋継手工法の例

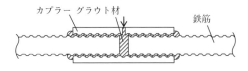

ねじふし鉄筋継手（グラウト固定方式）

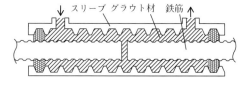

モルタル充てん継手

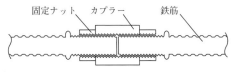

摩擦圧接ネジ継手

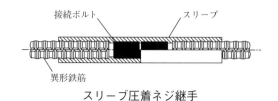

スリーブ圧着ネジ継手

出典：現場打ちコンクリート構造物に適用する機械式鉄筋継手工法ガイドライン　平成29年3月　機械式鉄筋継手工法技術検討委員会

表　面　含　浸　工

◆表面含浸工とは

　表面含浸工は，コンクリート構造物の耐久性を向上させることを目的とし，含浸材を刷毛，ローラー等を用いてコンクリート表面に塗布することで，コンクリート表層部を改質して透水抑制効果を発揮し，二酸化炭素，酸素，塩化物イオン，水等の劣化因子がコンクリート内部に浸透することを抑制する。

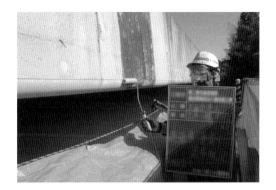

　表面含浸工は，他の表面保護工法と比較して
・工程が少なく，施工性に優れる。
・改質が必要な範囲に限定した施工が可能。
・材料が，無色透明な為，コンクリートの外観が著しく損なわれない。
といった利点が挙げられ，新設構造物等に対して予防保全として，または劣化した構造物を対象とした事後保全としても適用できる。
　表面含浸材は以下の種類に大別される。
【シラン系】
　コンクリート表層部に撥水層を形成することにより，透水抑制効果が得られるもの。
【ケイ酸塩系】
　コンクリート中に含浸して水酸化カルシウムと化学的に結合，細孔内部にゲル状またはガラス状の結晶を生成することにより，コンクリート表層部を緻密化するもの。
【その他】
　有機樹脂系，鋼材腐食抑制効果を持つ亜硝酸塩系，シラン系とケイ酸塩系の両方の効果を併せ持つタイプがある。

◆標準単価に含む？含まない？

固定足場に係る費用	×	含まない。
高所作業車に係る費用	○	含む（高所作業車賃料，燃料費，特殊運転手)。
簡易清掃工における水洗い作業	○	有無は問わない。
簡易清掃工または下地処理工におけるワイヤーブラシやディスクサンダー等の工具	○	含む。
下地処理工の際に行ったモルタル材等による断面修復	×	材料費，作業手間共に別途計上となる。
下地処理工で発生したコンクリート殻の積み込み・運搬および処分費	×	含まない。
含浸材塗布工における刷毛やローラー等の工具	○	含む。
表面含浸材の材料費	×	別途計上する。数量は必要なロス分も考慮する。

◆適用できる？できない？

1現場当たりの対象面積が100㎡未満	×	適用できない。
含浸材の総塗布量が0.1kg/㎡未満および0.35kg/㎡を超える	×	適用できない。
含浸材塗布工の作業が，スプレーによる塗布作業の場合	×	適用できない。
桁端部，支承周り等の狭隘な箇所の施工	×	適用できない。
含浸材の養生に散水を行う場合	×	適用できない。
2層，3層塗りが必要な含浸材の施工	△	総使用量が0.1kg/㎡以上0.35kg/㎡以下の場合は適用できる。ただし，複数層の塗布を同日内に行わない場合は適用できない。

土木工事標準単価

◆Q & A

Q	A
簡易清掃工とは	含浸材塗布作業前に行う，コンクリート表面に付着している泥・ほこり・油脂などのよごれをワイヤーブラシ，サンドペーパー，水洗いなどで落とす程度の清掃作業。
下地処理工とは	含浸材塗布作業前に行う，コンクリート表面に付着しているレイタンス・ほこり・油脂，塩化物等の有害物をディスクサンダーケレンにより除去する作業。
簡易清掃工と下地処理工の選別について	簡易清掃工は，新設構造物を対象に，下地処理工は，既設構造物の補修工事を対象に適用される事が一般的である。
含浸材の使用量は	含浸材の使用量は各製品によって異なり，またロス率も考慮する必要がある。月刊「積算資料」に掲載のある製品については，季刊「土木施工単価」において，標準塗付け量および参考ロス率を記載している。それ以外の製品については，各メーカーに問合せするのが望ましい。

◆写真で見る表面含浸工の施工手順

1．下地処理

2．含浸材塗布工

連続繊維シート補強工

◆連続繊維シート補強工とは

炭素繊維シートとエポキシ樹脂系の含浸接着剤などを用いてコンクリート表面に貼り付ける作業である。軽量で構造物の形状にも合わせて人力で施工でき，作業スペースの制約も受けにくいことなど，施工性に優れている。

◆標準単価に含む？含まない？

材 料・施 工		
材料費	×	含まない。
作業用足場の設置・撤去にかかる費用	×	含まない。
高所作業車に係る費用	○	含む（高所作業車賃料，燃料費，一般運転手または特殊運転手）。
現場内小運搬	○	含む。
下地処理工で発生したコンクリート殻の積込み・運搬および処分に係る費用	×	含まない。
コンクリート表面にクラックがある場合のクラック注入工にかかる費用	×	含まない。
はつり・モルタル補修に伴う断面復旧工にかかる費用	×	含まない。

◆適用できる？できない？

施 工		
炭素繊維シートを橋脚，トンネル等に設置する補強工事	○	適用できる。
アラミド繊維シートをコンクリート橋床版，橋脚，トンネル等に設置する補強工事	○	適用できる。
１現場当たりの対象面積が50㎡以上の全面貼りの場合	○	適用できる。１現場当たりの対象面積が50㎡未満は適用不可。
繊維シート目付量が200g/㎡以上850g/㎡未満の場合	○	適用できる。
プライマー塗布工，仕上げ塗装工の作業が，はけ・ローラーによる塗布作業の場合	○	適用できる。
格子貼り	×	適用できない。
中塗り１層・上塗り１層の計２層分以外の工程	×	適用できない（層数分の施工費を計上する）。
箱桁の内部での施工	×	適用できない。
炭素繊維シートまたはアラミド繊維シート以外のシート（ビニロンシート等）を使用する場合	×	適用できない。
仕上げ塗料の材質が，エポキシ樹脂系・ウレタン樹脂系・ふっ素樹脂系以外の場合	×	適用できない。
国土交通省 土木工事標準歩掛「床版補強工（炭素繊維接着工法）」に適合する場合	×	適用できない。

土木工事標準単価

◆Q & A

Q	A
直接工事費の計算式は	標準単価×設計数量＋材料費（シート）＋材料費（シート以外）
材料費（シート）の計算式は	炭素・アラミド繊維シート材料単価×設計数量（㎡）×1.07（ロス分）
材料費（シート以外）の計算式は	炭素・アラミド繊維シート専用補助材材料単価（プライマー，不陸修正材，含浸接着剤，中塗り・上塗り用仕上げ材）×㎡当たり標準使用量（kg）×設計数量（㎡）
各材料の単価はどこに掲載されているか	月刊「積算資料」を参照。
下地処理工とは	連続繊維シートをコンクリート躯体と一体化させるために，貼付面全面にわたりディスクサンダーケレンを行い，劣化したコンクリート表面を削り落とす作業である。
仕上げ塗料の材質は	中塗り用塗料はエポキシ樹脂系，上塗り用塗料はウレタン樹脂系またはふっ素樹脂系を標準とする。
仕上げ塗装工の作業内容は	中塗り1層・上塗り1層の計2層分の施工手間。
シートを複数層貼り付ける場合は	層数分の施工費を計上する。

◆河川橋脚への適用例

1．下地ケレン

2．プライマー塗布

3．不陸修正

4．連続繊維シート貼付け1

5．連続繊維シート貼付け2

写真提供：日鉄ケミカル＆マテリアル（株)

土木工事標準単価

剥落防止工(アラミドメッシュ)

◆剥落防止工（アラミドメッシュ）とは

　アラミドメッシュを，樹脂を含浸させながらコンクリート構造物やトンネル覆工コンクリートに貼り付けて，アラミド繊維強化プラスチック層（AFRP）を形成することにより，劣化したコンクリートの剥落を防止する工法。

◆標準単価に含む？含まない？

材　料・施　工		
材料費	×	含まない。
作業用足場の設置・撤去にかかる費用	×	含まない。
高所作業車に係る費用	○	含む（高所作業車賃料，燃料費，一般運転手または特殊運転手）。
現場内小運搬	○	含む。
下地処理工で発生したコンクリート殻の積込み・運搬および処分に係る費用	×	含まない。
コンクリート表面にクラックがある場合のクラック注入工にかかる費用	×	含まない。
はつり・モルタル補修に伴う断面復旧工にかかる費用	×	含まない。

◆適用できる？できない？

施　工		
コンクリート橋床版，橋脚，トンネル等にアラミドメッシュ（目付量：90g/㎡,180g/㎡）を設置する補強工事	○	適用できる。
プライマー塗布工，仕上げ塗装工の作業が，はけ・ローラーによる塗布作業	○	適用できる。
１現場当たりの対象面積が50㎡以上の場合	○	適用できる。１現場当たりの対象面積が50㎡未満は適用不可。
ナイロンシート，ビニロンシート等による剥落防止工	×	適用できない。
砂付アラミド３軸メッシュ工法	×	適用できない。
仕上げ塗の材質が，エポキシ樹脂系・ウレタン樹脂系・ふっ素樹脂系以外（アクリル樹脂塗料等）	×	適用できない。

◆Q&A

Q	A
直接工事費の計算式は	標準単価×設計数量＋材料費（メッシュ）＋材料費（含浸接着剤）
材料費（メッシュ）の計算式は	アラミドメッシュ材料単価×設計数量（㎡）×1.07（ロス分）
材料費（含浸接着剤）の計算式は	含浸接着剤材料単価×㎡当たり標準使用量（kg）×設計数量（㎡）
各材料の単価はどこに掲載されているか	月刊「積算資料」を参照。
下地処理工とは	アラミドメッシュをコンクリート躯体と一体化させるために，貼付面全面にわたりディスクサンダーケレンを行い，劣化したコンクリート表面を削り落とす作業である。
アラミドメッシュ貼付工に含まれるものは	含浸接着剤の下塗り・上塗りにかかる施工手間を含む。ただし，含浸接着剤の材料費は含まない。
仕上げ塗料の材質は	中塗り用塗料はエポキシ樹脂系，上塗り用塗料はウレタン樹脂系またはふっ素樹脂系を標準とする。
仕上げ塗装工の作業内容は	中塗り1層・上塗り1層の計2層分の施工手間。
コンクリート表面にクラックがある場合のクラック注入工にかかる費用は含まれるか	含まれないので別途計上する。
はつり・モルタル補修に伴う断面復旧工にかかる費用は含まれるか	含まれないので別途計上する。
固定足場は含まれるか	含まれないので別途計上する。

土木工事標準単価

◆剥落防止工

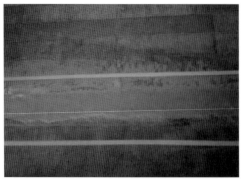

1．下地処理工

2．プライマー，下塗り樹脂塗布

3．メッシュ貼付け

4．メッシュ押え

5．ドリル削孔

6．アンカーピン取付け

7．上塗り樹脂塗布，完成

バキュームブラスト工

◆バキュームブラスト工とは

　本工法は，補強工事のためにコンクリート表面の劣化した部分を直圧式サンドノズルで剥離，研掃処理をするもの。

　ブラストガンは噴射ノズルと回収ホースとが一体になっており，加工と同時に研掃材，コンクリート粉塵を飛散させることなく集塵回収する。

◆標準単価に含む？含まない？

	材　料・施　工	
固定足場に係る費用	×	含まない。
高所作業車に係る費用	×	含まない。

◆適用できる？できない？

	施　工	
コンクリート処理面に保護塗装が施されている場合	×	適用できない。

土木工事標準単価

◆処理状況

表面被覆工(コンクリート保護塗装)

◆**表面被覆工（コンクリート保護塗装）とは**

　コンクリート橋等の土木構造物に塩害対策，中性化防止，アルカリ骨材反応を抑制させるために行う塗装作業を指す。

◆**標準単価に含む？含まない？**

	材　料・施　工	
プライマー，パテ，塗料	○	含む。
固定足場に係る費用	×	含まない。
高所作業車に係る費用	○	含む(高所作業車賃料，燃料費，一般運転手または特殊運転手)。

◆**適用できる？できない？**

	材　料・施　工	
鋼橋	×	適用できない。標準単価「橋梁塗装工」適用の事。
CC–A塗装，CC–B塗装仕様以外の塩害対策工法	×	適用できない。
スプレーによる塗装作業	×	適用できない。
狭あいな場所	×	架設後のコンクリート桁端部や既設の支承周りは窮屈な姿勢での施工となり，施工性が悪化するので，適用できない。
部分塗装	×	適用できない。

土木工事標準単価

1．下地処理

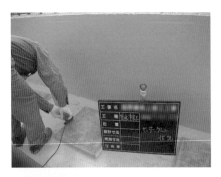

2．プライマー塗布

3．下地調整

4．中塗り

5．上塗り

抵抗板付鋼製杭基礎工

◆抵抗板付鋼製杭基礎工とは

　道路付属物の基礎工事において，軟弱地盤，狭あいな場所でも対応でき，埋設物を避けて設置できる鋼製杭基礎。

◆標準単価に含む？含まない？

材 料・施 工		
抵抗板付鋼製杭基礎工の材料費	×	含まない。
床堀・掘削費用，埋戻し・復旧費用	×	含まない。
重機の回送費用	×	含まない。
型枠，支柱設置，根巻きコンクリート設置	×	含まない。
架台の製作費用	×	含まない。

◆適用できる？できない？

施 工		
杭基礎が偏心タイプの場合	△	杭径，杭長が適用範囲内の場合，適用できる。
杭基礎が，H鋼以外の素材の場合	△	杭径，杭長が適用範囲内の場合，適用できる。
杭基礎が，架台を必要とするタイプの場合	△	杭本体の設置は適用できる。架台の材料費，設置費用は別途計上する。
岩盤など打込み困難な地盤での施工の場合	△	適用できる。岩盤掘削機（エアーパーカッション）を併用して施工する。ただし，岩盤掘削機の費用を別途計上する。

土木工事標準単価

◆写真で見る抵抗板付鋼製杭基礎工の施工手順

１．鋼製杭基礎及び重機の搬入

２．現場での材料検査

３．鋼製杭基礎の打込み

４．打込み状況

５．打込み確認

鋼 製 排 水 溝 設 置 工

◆鋼製排水溝設置工とは

橋梁用床版や，トンネル用床版上に設置する縁石兼用の金属製排水管であり，その設置作業。

道路上の過酷な環境で使用されることが多いため，表面処理仕様は一般的な溶融亜鉛メッキ仕様だけでなく，ライフサイクルコストの観点から二重防食仕様も研究，開発されている。

◆標準単価に含む？含まない？

材 料 ・ 施 工		
鋼製排水溝の本体材料費	×	含まない。
モルタルおよびシール材の材料費	○	含む。
導水管の設置費	○	有無を問わない。

◆適用できる？できない？

施 工		
取替補修工事の場合	×	適用できない。
鋼製排水溝の表面使用が亜鉛メッキまたは二重防食	○	適用できる。
製品質量が1個当たり100kg以上の製品	×	適用できない。
流末管付きの鋼製排水溝	○	適用できる。
排水性舗装対応型	○	適用できる。

土木工事標準単価

◆鋼製排水溝設置工

１．施工中（１）

２．施工中（２）

３．施工中（３）

４．施工中（４）

塗膜除去工（塗膜剥離剤）

◆塗膜除去工（塗膜剥離剤）とは

　塗膜除去工は，ブラスト工法やディスクサンダーなど電動工具を用いた工法がある。これらの工法での塗膜除去は塗膜くずの粉じんが飛散するため，飛散防止対策が必要となる。一方，塗膜剥離剤による塗膜除去工法は既存の塗装面に塗布するだけで塗膜に浸透し軟化させるため塗膜くずの粉じんが飛散せず，浮き上った塗膜はスクレーパ等により容易に除去，回収が行える。

◆標準単価に含む？含まない？

材　料・施　工		
塗膜剥離剤の材料費	×	含まない。
塗膜除去工で発生した廃材の運搬費，処分費	×	含まない。
塗膜除去工での防護工（養生シート等），安全対策（セキュリティルーム・呼吸用保護具等）及び特別管理（鉛，PCB等有害物質への対応）に要する費用	×	含まない。

◆適用できる？できない？

施　工		
水門，鉄塔，タンクなどの場合	×	適用できない。
高所作業車での塗布，除去の場合	×	適用できない。

◆塗膜除去工（塗膜剥離剤）

塗膜剥離状況

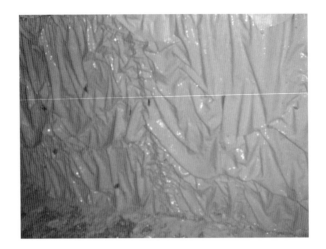

ノンコーキング式コンクリートひび割れ誘発目地設置工

◆ノンコーキング式コンクリートひび割れ誘発目地設置工とは

　ひび割れを集中的に発生させることを目的とするひび割れ誘発目地において，型枠脱型後も取り外す必要がなくコンクリートに埋設しておくことができる，コーキング処理が不要な目地の設置である。

◆標準単価に含む？含まない？

材　料・施　工		
誘発目地本体および化粧目地本体の材料費	○	含む。
化粧目地を施工しない場合の表面材の施工（目地棒取付・コーキングなど）	×	含まない。
誘導鉄板，固定金具などの材料費	×	含まない。

◆適用できる？できない？

施　工		
誘導鉄板および固定金具など付属部材を併用設置する場合	○	適用できる。
折り曲げ・R加工など目地本体の形状に加工が必要となる場合	×	適用できない。
止水，漏水への対策が必要となる場合	○	適用できる。

土木工事標準単価

◆Q & A

Q	A
ひび割れ誘発目地とは	コンクリート構造物の温度ひび割れが発生する位置を計画的に定め，ひび割れを集中的に発生させることを目的として所定の間隔で断面欠損部を設けておき，ひび割れを人為的に生じさせる目地のことである。
「止水性能を要する箇所に設置」とは	0.5MPaの水圧でも湧水しない止水性能を有する目地材を設置する場合に適用する。

◆ノンコーキング式コンクリートひび割れ誘発目地設置工

FRP製格子状パネル設置工

◆FRP製格子状パネル設置工とは

　切土補強土工法の法面にFRP製格子状パネルを設置する工法で，格子状パネルを設置することで，法面全体の安定を図ったうえで，全面緑化を行うことが可能となる。

◆標準単価に含む？含まない？

材　料・施　工		
FRP製格子状パネルの材料費	○	含む。
頭部背面（頭部プレートとパネルの間）処理のモルタル材料費	○	含む。
パネルの仮止め費用	○	含む（仮止め用ラスピンの材料費も含む）。

◆適用できる？できない？

施　工		
１現場当たりの施工規模が50枚未満の場合	×	適用できない。
特殊サイズのパネルを使用する場合	×	適用できない。
逆巻き施工の場合	×	適用できない。

◆Q＆A

Q	A
不陸調整マット工は必ず計上するのか	必要な場合に別途，計上する。

◆FRP製格子状パネル設置工

1．施工中（1）

2．施工中（2）

3．完成（1）

4．完成（2）

防 草 シ ー ト 設 置 工

◆防草シート設置工とは

　雑草について，障害になってから排除するのではなく，シートの敷設により雑草の発生を抑制するための工法。主に遮光性のあるシートを設置することで植物の成長に必要な光合成を抑制し，雑草の成長を防ぐことができる。

◆標準単価に含む？含まない？

材　料・施　工		
防草シート材料費	×	含まない。
副資材の費用	○	固定ピンのみによる設置の場合は，固定ピンの材料費，設置費ともに含む。 固定ピンとワッシャーを併用して設置する場合も，固定ピン，ワッシャーの材料費，設置費ともに含む。
端部，重ね合わせ部，固定ピン上部等の接着剤，接着テープの費用	×	含まない。
設置前の除草，除根作業の費用	×	含まない。

◆適用できる？できない？

施　工		
急斜面の施工	×	適用できない。
植栽用の切込み	×	適用できない。
端部専用工法	×	適用できない。

◆Q & A

Q	A
1工事で複数の施工方法，規格・仕様が混在する場合の適用条件	標準単価の仕様・規格に適合する場合，合計100㎡以上で適用可能。
シートの重ね代	10cm程度。
固定ピン	形状はL型またはU型（コ型），長さは200〜300mm，材質は鉄のものを想定。

土木工事標準単価

◆防草シート設置工

1．施工中（1）

2．施工中（2）

3．完成

4．固定ピン　ワッシャー

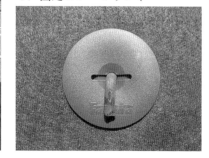

仮設防護柵設置工（仮設ガードレール）

◆仮設防護柵設置工（仮設ガードレール）とは

　仮設防護柵設置工は，工事中の道路等における，歩行者・車両運転者防護を目的とした仮設ガードレールを設置する作業である。仮設ガードレールはH鋼基礎・独立基礎ブロック・連続基礎ブロックの各種基礎の上にガードレールを建て込んだものである。

◆標準単価に含む？含まない？

材　料・施　工		
仮設防護柵の材料費	×	基礎・防護柵共に含まない。

◆適用できる？できない？

施　工		
コンクリート充填タイプのH鋼基礎を使用する場合	○	適用できる。
人力による設置，撤去が可能な移動式ガードレールを使用する場合	×	適用できない。
仮設防護柵を本設使用する場合	○	規格および作業フローが同一であれば適用できる。
防護柵がガードレールでない場合	×	ガードレールタイプ以外は適用できない。
独立基礎ブロック・連続基礎ブロックにおいて支柱間隔が2mでない場合	×	適用できない。

◆Q & A

Q	A
適用できるガードレールの規格は	A種・B種・C種とする。
適用できる連続基礎ブロックの規格は	(株)イビコンのガードレール・ガードパイプ自在R連続基礎 NETIS登録番号：(旧) CB-050040-VE

土木工事標準単価

◆仮設防護柵設置工（仮設ガードレール）

侵食防止用植生マット工(養生マット工)

◆侵食防止用植生マット工（養生マット工）とは

法面に侵食防止用植生マット（養生マット）を設置する工法で，同マットを設置することで，侵食防止，濁水防止，風害，凍上による表層侵食などに効果を発揮し，長期的な法面の保護を可能とする。

◆標準単価に含む？含まない？

材　料		
侵食防止用植生マット（養生マット）本体の材料費	×	含まない。材料費については，「積算資料」を参照。
アンカーピン，および止め釘などの材料費	○	含む。

◆適用できる？できない？

施　工		
環境品の場合	○	適用できる。

◆Q & A

Q	A
アンカーピン，および止め釘の使用本数は㎡当たり何本か	㎡当たり4～5本。
土壌改良材の含有質量には種子・肥料は含むか	含まない。

土木工事標準単価

◆侵食防止用植生マット工（養生マット工）

施工中（1）

施工中（2）

施工中（3）

施工済み

耐圧ポリエチレンリブ管(ハウエル管)設置工

◆耐圧ポリエチレンリブ管（ハウエル管）設置工
とは

　道路下カルバートや排水管路などの施工の際に用いられる高密度ポリエチレン樹脂製の管材料の設置を対象とする。

◆標準単価に含む？含まない？

	材　料・施　工	
耐圧ポリエチレンリブ管（ハウエル管）の材料費	×	含まない。材料費については，「積算資料」を参照。
床掘り・掘削費用，埋戻し・復旧費用	×	含まない。

◆適用できる？できない？

	施　工	
曲管を使用する場合	○	適用できる。
並列に使用する場合	○	適用できる。並列使用の場合は，材料の総延長数と同数量を単価に乗じて算出する。

土木工事標準単価

◆Q & A

Q	A
接合にはどのような方式があるか	（1）ゴム製ガスケットによる接合（土木工事標準単価適用可） ゴム製ガスケットによる継手で，差口を受口に挿入するだけで接合する方式。 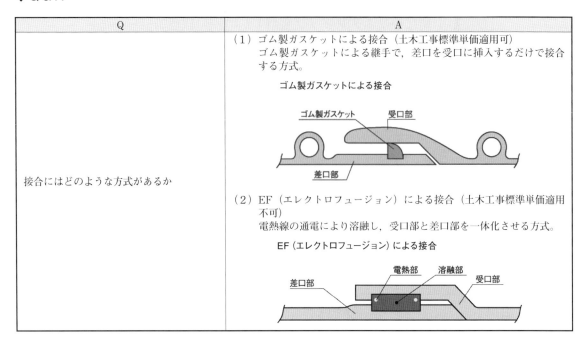 （2）EF（エレクトロフュージョン）による接合（土木工事標準単価適用不可） 電熱線の通電により溶融し，受口部と差口部を一体化させる方式。

◆耐圧ポリエチレンリブ管（ハウエル管）設置工

漏 水 対 策 材 設 置 工

◆漏水対策材設置工とは

漏水対策材設置（土木工事標準単価：線導水樋）

　塩ビ製の線導水樋をトンネル（道路・鉄道）に限らず，ボックスカルバートや共同溝等の地下構造物に設置する工事を指します。

◆標準単価に含む？含まない？

材 料・施 工		
漏水対策材の材料費	×	含まない。
漏水対策材の工場での組立・加工費	×	含まない。

◆適用できる？できない？

施 工		
線導水・面導水の場合	×	適用できない。違いについては次頁を参照。

土木工事標準単価

トンネル漏水対策工（国土交通省　土木工事標準積算基準書：線導水）

　ゴム系または樹脂系の導水材，あるいは伸縮性充填材を設置する工事を指します。道路トンネルを対象としています。

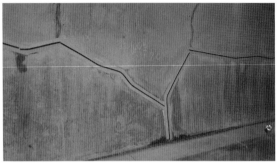

トンネル漏水対策工（国土交通省　土木工事標準積算基準書：面導水）

　漏水範囲が面状で幅2mの防水板を設置する面的な工事を指します。道路トンネルを対象としています。

2024年度(令和6年度) 適用基準等の新旧対比表

　2024年度（令和6年度）の市場単価は，下記工種について，適用基準等が改訂・変更されました。詳細につきましては，次頁以降をご参照ください。

◆土木工事市場単価

- ・防護柵設置工（横断・転落防止柵）
- ・防護柵設置工（落石防護柵）
- ・防護柵設置工（落石防止網）
- ・道路標識設置工
- ・法面工
- ・吹付枠工
- ・鉄筋挿入工（ロックボルト工）
- ・橋梁用伸縮継手装置設置工
- ・鉄筋工
- ・型枠工

◆土木工事標準単価

- ・区画線工
- ・高視認性区画線工
- ・排水構造物工

◆新旧対比表の見方

　新旧対比表は，2023年度（令和5年度）運用の適用基準を左欄に，2024年度（令和6年度）運用の適用基準を右欄に記載し，変更箇所をわかりやすく表示しています。

> 　各工種名の右にある頁数は『季刊 土木施工単価 2024年春号』の掲載頁です。

新旧対比表

工種名	防護柵設置工（横断・転落防止柵）　P.48

現　行

防護柵設置工（横断・転落防止柵）

1．適用範囲

本資料は，市場単価方式による，柵高70cm以上125cm以下の防護柵設置工（横断・転落防止柵）に適用する。

1－1　市場単価が適用できる範囲
（1）新設・更新，撤去工事。
（2）部材設置，部材撤去工事。

1－2　市場単価が適用できない範囲
（1）事故後の復旧工事（撤去）。
（2）防護柵（P種）〔横断・転落防止柵〕以外の製品の場合。
（3）高さが125cm超の場合。
（4）門型の横断防止柵を車止めとして設置する場合。
（5）勾配が2割未満（1：2.0未満）の階段部，法面に設置する場合。
（6）アンカーボルト固定のアンカーボルトにステンレス製やケミカルアンカーを使用する場合。
（7）その他，規格・仕様等が適合しない場合。

2．市場単価の設定

2－1　市場単価の構成と範囲
市場単価で対応しているのは，機・労・材の○およびフロー図の実線部分である。
（1）防護柵（横断・転落防止柵）設置

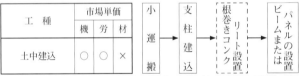

（注）1．土中建込には，床掘り・埋戻しおよび穴あけ後の充填材（労務費・材料費）が必要な場合の作業を含む。
　　　　ただし，支柱建込箇所が岩盤，舗装版などの場合の穴あけ費用・復旧費用は含まない。
　　　2．根巻きコンクリート設置は，必要に応じて計上する。

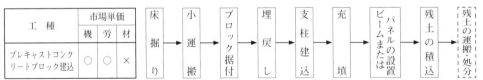

（注）1．支柱建込箇所が岩盤，舗装版などの場合の穴あけ費用・復旧費用は含まない。
　　　　ただし，プレキャストコンクリートブロック材料費および充填材（労務費・材料費）を含む。
　　　2．プレキャストコンクリートブロックは，100kg未満に適用する。

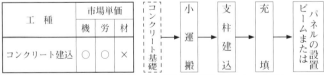

（注）支柱建込箇所のコンクリートの穴あけ費用は含まない。ただし，充填材（労務費・材料費）を含む。

改 訂

防護柵設置工（横断・転落防止柵）

1．適用範囲

本資料は，市場単価方式による，柵高70cm以上125cm以下の防護柵設置工（横断・転落防止柵）に適用する。

1−1　市場単価が適用できる範囲
（1）新設・更新，撤去工事。
（2）部材設置，部材撤去工事。

1−2　市場単価が適用できない範囲
（1）事故後の復旧工事（撤去）。
（2）防護柵（P種）〔横断・転落防止柵〕以外の製品の場合。
（3）高さが125cm超の場合。
（4）門型の横断防止柵を車止めとして設置する場合。
（5）勾配が2割未満（1：2.0未満）の階段部，法面に設置する場合。
（6）アンカーボルト固定のアンカーボルトにステンレス製やケミカルアンカーを使用する場合。
（7）生活道路用柵の場合。
（8）その他，規格・仕様等が適合しない場合。

2．市場単価の設定

2−1　市場単価の構成と範囲
　　市場単価で対応しているのは，機・労・材の○およびフロー図の実線部分である。
（1）防護柵（横断・転落防止柵）設置

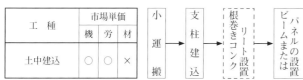

（注）1．土中建込には，床掘り・埋戻しおよび穴あけ後の充填材（労務費・材料費）が必要な場合の作業を含む。
　　　　　ただし，支柱建込箇所が岩盤，舗装版などの場合の穴あけ費用・復旧費用は含まない。
　　　2．根巻きコンクリート設置は，必要に応じて計上する。

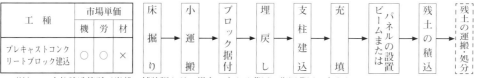

（注）1．支柱建込箇所が岩盤，舗装版などの場合の穴あけ費用・復旧費用は含まない。
　　　　　ただし，プレキャストコンクリートブロック材料費および充填材（労務費・材料費）を含む。
　　　2．プレキャストコンクリートブロックは，100kg未満に適用する。

（注）支柱建込箇所のコンクリートの穴あけ費用は含まない。ただし，充填材（労務費・材料費）を含む。

工種名	防護柵設置工（横断・転落防止柵）　P.51

現　行

（2）加算率・補正係数の数値

表2.3

区　　分		記号	防護柵設置 （横断・転落防止柵）		撤　去	部材設置・撤去		
			土中建込	プレキャストコンクリート ブロック建込, コンクリート建込, アンカーボルト固定		ビームまたは パネルのみ 設置	ビームまたは パネルのみ 撤去	根巻き コンクリート 設置
加算率	施工規模	S₀	(100m以上) 0%	(100m以上) 0%	－	－	－	－
		S₁	(50m以上 100m未満) 25%	(100m未満) 35%（25%）	－	－	－	－
		S₂	(50m未満) 40%	－	－	－	－	－
補正係数	時間的制約を受ける場合	K₁	1.25	1.35 (1.25)	1.35	1.35	1.35	1.25
	夜間作業	K₂	1.35	1.50 (1.35)	1.50	1.50	1.50	1.35
	支柱間隔　1m	K₃	2.90					－
	支柱間隔1.5m	K₄	2.00					－
	支柱間隔　2m	K₅	1.45					－

> （注）1．施工規模加算率（S₁）または（S₂）と時間的制約を受ける場合の補正係数（K₁）が重複する場合は，施工規模加算率のみを対象とする。
> 2．加算率・補正係数の（　）内の係数は，プレキャストコンクリートブロック建込およびアンカーボルト固定に適用する。

2－4　直接工事費の算出

直接工事費＝設計単価^(注)×設計数量

（注）設計単価＝標準の市場単価×（1+S₀ or S₁ or S₂/100）×（K₁×K₂）×（K₃ or K₄ or K₅）＋材料費

3．適用にあたっての留意事項

（1）プレキャストコンクリートブロック建込の根入れ深さが変わる場合でも，プレキャストコンクリートブロック質量が100kg未満であれば適用できる。
（2）根巻きコンクリートは，プレキャストコンクリートブロック，現場打設を問わず適用できる。
（3）部材の色を問わず適用できる。

改　訂

（2）加算率・補正係数の数値

表2.3

区　分		記号	防護柵設置 （横断・転落防止柵）			撤　去	部材設置・撤去		
			土中建込	コンクリート建込	プレキャストコンクリート ブロック建込 アンカーボルト固定		ビームまたは パネルのみ 設置	ビームまたは パネルのみ 撤去	根巻き コンクリート 設置
加算率	施工規模	S_0	（100m以上） 0％	（100m以上） 0％	（100m以上） 0％	－	－	－	－
		S_1	（50m以上 100m未満） 25％	（100m未満） 35％	（100m未満） 25％	－	－	－	－
		S_2	（50m未満） 40％	－	－	－	－	－	－
補正係数	時間的制約を受ける場合	K_1	1.25	1.35	1.25	1.35	1.35	1.35	1.25
	夜間作業	K_2	1.35	1.50	1.35	1.50	1.50	1.50	1.35
	支柱間隔　1m	K_3	2.90						－
	支柱間隔1.5m	K_4	2.00						－
	支柱間隔　2m	K_5	1.45						－

（注）1．施工規模加算率（S_1）または（S_2）と時間的制約を受ける場合の補正係数（K_1）が重複する場合は，施工規模加算率のみを対象とする。
　　　2．防護柵設置の施工規模は，土中建込，コンクリート建込，プレキャストコンクリートブロック建込，アンカーボルト固定それぞれ1工事の全体数量で判断する。

2－4　直接工事費の算出
　　　直接工事費＝設計単価(注)×設計数量
　　　（注）設計単価＝標準の市場単価×（1＋S_0 or S_1 or S_2/100）×（K_1×K_2）×（K_3 or K_4 or K_5）＋材料費

3．適用にあたっての留意事項

（1）プレキャストコンクリートブロック建込の根入れ深さが変わる場合でも，プレキャストコンクリートブロック質量が100kg未満であれば適用できる。
（2）根巻きコンクリートは，プレキャストコンクリートブロック，現場打設を問わず適用できる。
（3）部材の色を問わず適用できる。

工種名	防護柵設置工（落石防護柵）　P.54

現　行

防護柵設置工（落石防護柵）

1．適用範囲

　本資料は，市場単価方式による，落石防護柵（ストーンガード）設置および撤去工に適用する。

1－1　市場単価が適用できる範囲
　（1）防護柵設置工のうち，落石防護柵（ストーンガード）設置および撤去に適用し，柵高は4m以下，支柱間隔は3m（耐雪型（上弦材付）は3m，2m）とする。
　（2）落石対策便覧（平成12年度版）に対応した製品を採用する場合。

1－2　市場単価が適用できない範囲
　（1）柵高が1.5m未満，および4mを超える場合。
　（2）耐雪型のロープ・金網設置工（上弦材なし）の場合。
　（3）耐雪型のロープ・金網設置工（上弦材付）で柵高が3mを超える場合。
　（4）落雪（せり出し）防護柵の場合。
　（5）支柱の塗装仕様が現場塗装の場合。
　（6）高エネルギー吸収柵の場合。
　（7）落石対策便覧（平成29年度版）に対応した製品を採用する場合。
　（8）その他，規格・仕様等が適合しない場合。

2．市場単価の設定

2－1　市場単価の構成と範囲
　　　　市場単価で対応しているのは，機・労・材の○およびフロー図の実線部分である。

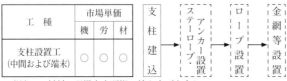

（注）1．材料の現場内小運搬・持ち上げを含む。
　　　2．索端金具・Uボルトの材料費および設置費を含む。

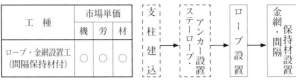

（注）1．材料の現場内小運搬・持ち上げを含む。
　　　2．間隔保持材が必要ない場合は補正係数にて補正する。

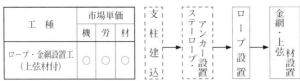

（注）材料の現場内小運搬・持ち上げを含む。

改 訂

防護柵設置工（落石防護柵）

1．適用範囲

本資料は，市場単価方式による，落石防護柵（ストーンガード）設置および撤去工に適用する。

1－1　市場単価が適用できる範囲
（1）防護柵設置工のうち，落石防護柵（ストーンガード）設置および撤去に適用し，柵高は4m以下，支柱間隔は3m（耐雪型（上弦材付）は3m，2m）とする。
（2）落石対策便覧（平成29年度版）に対応した製品を採用する場合。

1－2　市場単価が適用できない範囲
（1）柵高が1.5m未満，および4mを超える場合。
（2）耐雪型のロープ・金網設置工（上弦材なし）の場合。
（3）耐雪型のロープ・金網設置工（上弦材付）で柵高が3mを超える場合。
（4）落雪（せり出し）防護柵の場合。
（5）支柱の塗装仕様が現場塗装の場合。
（6）高エネルギー吸収柵の場合。
（7）落石対策便覧（平成12年度版）に対応した製品を採用する場合。
（8）その他，規格・仕様等が適合しない場合。

2．市場単価の設定

2－1　市場単価の構成と範囲
市場単価で対応しているのは，機・労・材の○およびフロー図の実線部分である。

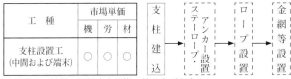

（注）1．材料の現場内小運搬・持ち上げを含む。
　　　2．索端金具・Uボルトの材料費および設置費を含む。

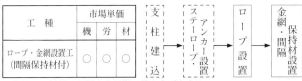

（注）1．材料の現場内小運搬・持ち上げを含む。
　　　2．間隔保持材が必要ない場合は補正係数にて補正する。

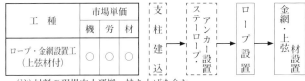

（注）材料の現場内小運搬・持ち上げを含む。

工種名	防護柵設置工（落石防止網）　P.64

現　行

防護柵設置工（落石防止網）

1．適用範囲

　本資料は，市場単価方式による落石防止網（ロックネット）設置工に適用する。

1－1　市場単価が適用できる範囲
（1）資材持ち上げ直高が45m以下で，覆式の鋼製落石防止網（ロックネット）設置工およびポケット式の鋼製落石防止網（ロックネット）設置工のうち支柱がアンカー固定式による場合の新設工事。
（2）支柱の表面仕様が工場メッキ仕上げ，または現場塗装仕上げ（メッキなし）の場合。

1－2　市場単価が適用できない範囲
（1）落石防止網（繊維網）設置工。
（2）ロープ伏工および密着型安定ネット工による落石予防工の場合。
（3）ポケット式の鋼製落石防止網（ロックネット）設置工のうち，支柱が埋込式およびミニポケット式（支柱据置式）による場合。
（4）アンカーおよび支柱の設置がコンクリートの基礎による場合。
（5）支柱の表面仕様がメッキの上に塗装仕上げする場合。
（6）その他，規格・仕様等が適合しない場合。

2．市場単価の設定

2－1　市場単価の構成と範囲
　　　　　市場単価で対応しているのは，機・労・材の○およびフロー図の実線部分である。

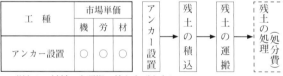

工　種	市場単価		
	機	労	材
金網・ロープ設置	○	○	○

フロー：ロープ設置 → 金網設置

（注）1．材料の小運搬・持ち上げを含む。
　　　2．金網の重ね，端部切断等のロス，クロスクリップ，結合コイル等の必要部材の材料費および設置費を含む。

工　種	市場単価		
	機	労	材
アンカー設置	○	○	○

フロー：アンカー設置 → 残土の積込 → 残土の運搬 →〔残土の処理（処分費）〕

（注）1．材料の小運搬・持ち上げを含む。
　　　2．削孔，アンカー打込みおよび充填材注入等の一連作業を含む。
　　　3．アンカー設置時に発生する残土処理（処分費）は含まない。

工　種	市場単価		
	機	労	材
支柱設置	○	○	○

フロー：アンカー設置 → 支柱設置 → 残土の積込 → 残土の運搬 →〔残土の処理（処分費）〕

（注）1．材料の小運搬・持ち上げを含む。
　　　2．支柱設置用アンカーの材料費および設置費を含む。
　　　3．支柱設置時に発生する残土の処理（処分費）は含まない。

改 訂

≡ 防護柵設置工(落石防止網) ≡

1．適用範囲

本資料は，市場単価方式による落石防止網（ロックネット）設置工に適用する。

1－1　市場単価が適用できる範囲
（1）資材持ち上げ直高が45m以下で，覆式の鋼製落石防止網（ロックネット）設置工およびポケット式の鋼製落石防止網（ロックネット）設置工のうち支柱がアンカー固定式による場合の新設工事。
（2）支柱の表面仕様が工場メッキ仕上げ，または現場塗装仕上げ（メッキなし）の場合。
（3）落石対策便覧（平成29年度版）に対応した製品を採用する場合。

1－2　市場単価が適用できない範囲
（1）落石防止網（繊維網）設置工。
（2）ロープ伏工および密着型安定ネット工による落石予防工の場合。
（3）ポケット式の鋼製落石防止網（ロックネット）設置工のうち，支柱が埋込式およびミニポケット式（支柱据置式）による場合。
（4）アンカーおよび支柱の設置がコンクリートの基礎による場合。
（5）支柱の表面仕様がメッキの上に塗装仕上げする場合。
（6）落石対策便覧（平成12年度版）に対応した製品を採用する場合。
（7）その他，規格・仕様等が適合しない場合。

2．市場単価の設定

2－1　市場単価の構成と範囲
市場単価で対応しているのは，機・労・材の○およびフロー図の実線部分である。

工　種	市場単価		
	機	労	材
金網・ロープ設置	○	○	○

（注）1．材料の小運搬・持ち上げを含む。
　　　2．金網の重ね，端部切断等のロス，クロスクリップ，結合コイル等の必要部材の材料費および設置費を含む。

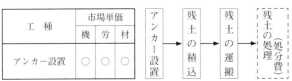

工　種	市場単価		
	機	労	材
アンカー設置	○	○	○

（注）1．材料の小運搬・持ち上げを含む。
　　　2．削孔，アンカー打込みおよび充填材注入等の一連作業を含む。
　　　3．アンカー設置時に発生する残土処理（処分費）は含まない。

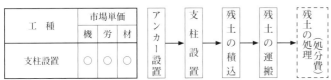

工　種	市場単価		
	機	労	材
支柱設置	○	○	○

（注）1．材料の小運搬・持ち上げを含む。
　　　2．支柱設置用アンカーの材料費および設置費を含む。
　　　3．支柱設置時に発生する残土の処理（処分費）は含まない。

工種名	道路標識設置工　P.74

現　行

（2）加算率・補正係数の数値

表2.3　設置工

区　分		記号	標識柱・基礎	標識柱		標識板			添架式標識板取付金具		基礎
			路側式	片持式	門型式	案内(新設)	案内(移設)	案内以外	信号・照明柱	歩道橋	
加算率	施工規模	S_0	(5基以上) 0%	(3基以上) 0%	(3基以上) 0%	(10㎡以上) 0%	(10㎡以上) 0%	(5基以上) 0%	—	—	—
		S_1	(3～4基) 15%	(2基) 40%	(2基) 40%	(10㎡未満) 5%	(10㎡未満) 30%	(3～4基) 15%	—	—	—
		S_2	(2基以下) 25%	(1基) 100%	(1基) 100%	—	—	(2基以下) 25%	—	—	—
補正係数	時間的制約を受ける場合	K_1	1.10	1.10	1.05	1.00	1.05	1.15	1.05	1.05	1.05
	夜間作業	K_2	1.30	1.35	1.35	1.05	1.35	1.50	1.15	1.25	1.25
	障害物のある場合	K_3	—	—	—	—	—	—	—	—	1.25
	門型式標識柱の基礎の場合	K_4	—	—	—	—	—	—	—	—	1.10
	景観色塗装柱の場合	K_5	1.10								

（注）1．施工規模加算（S_1）または（S_2）と時間的制約を受ける場合の補正係数（K_1）が重複する場合は，施工規模加算率のみを対象とする。
　　　2．「案内以外」は，警戒・規制・指示・路線番号標識に適用する。
　　　3．標識板設置の施工規模は，標識板の1枚当りの面積区分によらず1工事の全体数量で判断する。ただし，1工事において設置及び撤去の作業がある場合は，設置・撤去それぞれの数量で判定する。

表2.4　撤去工

区　分		記号	標識柱・基礎	標識柱		標識板		添架式標識板	基礎
			路側式	片持式	門型式	案内	案内以外		
加算率	施工規模	S_0	(5基以上) 0%	(3基以上) 0%	(3基以上) 0%	(10㎡以上) 0%	(5基以上) 0%	—	—
		S_1	(3～4基) 15%	(2基) 40%	(2基) 40%	(10㎡未満) 30%	(3～4基) 15%	—	—
		S_2	(2基以下) 25%	(1基) 100%	(1基) 100%	—	(2基以下) 25%	—	—
補正係数	時間的制約を受ける場合	K_1	1.10	1.10	1.05	1.05	1.15	1.05	1.05
	夜間作業	K_2	1.50	1.35	1.35	1.35	1.50	1.25	1.35

（注）1．施工規模加算（S_1）または（S_2）と時間的制約を受ける場合の補正係数（K_1）が重複する場合は，施工規模加算率のみを対象とする。
　　　2．標識板撤去の施工規模は，標識板の1枚当りの面積区分によらず1工事の全体数量で判断する。ただし，1工事において設置及び撤去の作業がある場合は，設置・撤去それぞれの数量で判定する。

2－4　加算額
（1）加算額の適用基準

表2.5

規格・仕様		適　用　基　準	単位	備考
加算額	曲げ支柱（路側式）（柱の表面の塗装仕様の種別を問わず）	路側式の標識柱に曲げ支柱を使用する場合は，対象となる支柱本数に支柱径ごとの金額を加算する。	本	対象数量
	標識板の裏面塗装	片持式，門型式の標識板の裏面に塗装をする場合は，対象となる面積に金額を加算する。	㎡	
	アンカーボルトの材料価格	基礎にアンカーボルトを設置する場合は，アンカーボルトの質量に応じて金額を計上する。	kg	
	取付金具の材料価格	照明柱・既設標識柱における取付金具設置において，直付2段または補助支柱を併用したうえで共架金具等が1段を超える場合，1段増量するごとに金額を加算する。	段	

改　訂

（2）加算率・補正係数の数値

表2.3　設置工

区　　分		記号	標識柱・基礎	標識柱		標識板			添架式標識板取付金具		基礎
			路側式	片持式	門型式	案内(新設)	案内(移設)	案内以外	信号・照明柱	歩道橋	
加算率	施工規模	S_0	(5基以上) 0%	(3基以上) 0%	(3基以上) 0%	(10㎡以上) 0%	(10㎡以上) 0%	(5基以上) 0%	－	－	
		S_1	(3〜4基) 25%	(2基) 40%	(2基) 40%	(10㎡未満) 5%	(10㎡未満) 30%	(3〜4基) 15%	－	－	
		S_2	(2基以下) 35%	(1基) 100%	(1基) 100%			(2基以下) 25%	－	－	
補正係数	時間的制約を受ける場合	K_1	1.10	1.10	1.05	1.00	1.05	1.15	1.05	1.05	1.05
	夜間作業	K_2	1.30	1.35	1.35	1.05	1.35	1.50	1.15	1.25	1.25
	障害物のある場合	K_3	－	－	－	－	－	－	－	－	1.25
	門型式標識柱の基礎の場合	K_4	－	－	－	－	－	－	－	－	1.10
	景観色塗装柱の場合	K_5	1.10	－	－	－	－	－	－	－	－

（注）1．施工規模加算（S_1）または（S_2）と時間的制約を受ける場合の補正係数（K_1）が重複する場合は，施工規模加算率のみを対象とする。
　　　2．「案内以外」は，警戒・規制・指示・路線番号標識に適用する。
　　　3．標識板設置の施工規模は，標識板の1枚当りの面積区分によらず1工事の全体数量で判断する。ただし，1工事において設置及び撤去の作業がある場合は，設置・撤去それぞれの数量で判定する。

表2.4　撤去工

区　　分		記号	標識柱・基礎	標識柱		標識板		添架式標識板	基礎
			路側式	片持式	門型式	案内	案内以外		
加算率	施工規模	S_0	(5基以上) 0%	(3基以上) 0%	(3基以上) 0%	(10㎡以上) 0%	(5基以上) 0%	－	－
		S_1	(3〜4基) 25%	(2基) 40%	(2基) 40%	(10㎡未満) 30%	(3〜4基) 15%	－	－
		S_2	(2基以下) 35%	(1基) 100%	(1基) 100%		(2基以下) 25%	－	－
補正係数	時間的制約を受ける場合	K_1	1.10	1.10	1.05	1.05	1.15	1.05	1.05
	夜間作業	K_2	1.50	1.35	1.35	1.35	1.50	1.25	1.35

（注）1．施工規模加算（S_1）または（S_2）と時間的制約を受ける場合の補正係数（K_1）が重複する場合は，施工規模加算率のみを対象とする。
　　　2．標識板撤去の施工規模は，標識板の1枚当りの面積区分によらず1工事の全体数量で判断する。ただし，1工事において設置及び撤去の作業がある場合は，設置・撤去それぞれの数量で判定する。

2−4　加算額

（1）加算額の適用基準

表2.5

	規格・仕様	適　用　基　準	単位	備考
加算額	曲げ支柱（路側式） （柱の表面の塗装仕様の種別を問わず）	路側式の標識柱に曲げ支柱を使用する場合は，対象となる支柱本数に支柱径ごとの金額を加算する。	本	対象数量
	標識板の裏面塗装	片持式，門型式の標識板の裏面に塗装をする場合は，対象となる面積に金額を加算する。	㎡	
	アンカーボルトの材料価格	基礎にアンカーボルトを設置する場合は，アンカーボルトの質量に応じて金額を計上する。	kg	
	取付金具の材料価格	照明柱・既設標識柱における取付金具設置において，直付2段または補助支柱を併用したうえで共架金具等が1段を超える場合，1段増量するごとに金額を加算する。	段	

新旧対比表

工種名	法面工　P.106

現　　行

2-3　加算率・補正係数
（1）加算率・補正係数の適用基準

表2.7

規　格・仕　様		記号	適　用　基　準	備考
加算率	施工規模	S_0	標　準	全体数量
		S_1 S_2 S_3	1工事の施工規模が標準より小さい場合は，対象となる規格・仕様の単価を率で加算する。	
補正係数	時間的制約を受ける場合	K_1	通常勤務すべき1日の作業時間（所定労働時間）を7時間以下4時間以上に制限する場合は，対象となる規格・仕様の単価を係数で補正する。	対象数量
	施工基面からの法面の垂直高が45mを超え80m以下の場合	K_2	植生基材吹付工において，法面の垂直高が45mを超え80m以下の場合は，対象となる規格・仕様の単価を係数で補正する。ただし，施工基面より下面への施工は補正しない。	
	枠内吹付の場合 （モルタル吹付工 コンクリート吹付工 植生基材吹付工）	K_3	吹付枠工で枠内吹付をする場合は，対象となる規格・仕様の単価を係数で補正する。また，対象となる数量は，枠内に吹付ける面積とする。	

（注）各工種の標準の垂直高は下記のとおりとする。
　　1）モルタル吹付工，コンクリート吹付工は45m以下。
　　2）植生基材吹付工は45m以下。（下記図例を参照）
　　3）客土吹付工は25m以下。
　　4）種子散布工は30m以下。

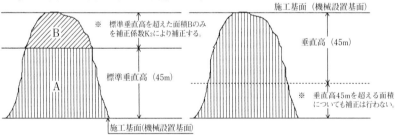

《施工基面から上面への施工の場合》　　《施工基面から下面への施工の場合》

改　訂

2－3　加算率・補正係数
（1）加算率・補正係数の適用基準

表2.7

規 格・仕 様		記号	適 用 基 準	備考
加算率	施工規模	S_0	標　準	全体数量
		S_1 S_2 S_3 S_4	1工事の施工規模が標準より小さい場合は，対象となる規格・仕様の単価を率で加算する。	
補正係数	時間的制約を受ける場合	K_1	通常勤務すべき1日の作業時間（所定労働時間）を7時間以下4時間以上に制限する場合は，対象となる規格・仕様の単価を係数で補正する。	対象数量
	施工基面からの法面の垂直高が45mを超え80m以下の場合	K_2	植生基材吹付工において，法面の垂直高が45mを超え80m以下の場合は，対象となる規格・仕様の単価を係数で補正する。ただし，施工基面より下面への施工は補正しない。	
	枠内吹付の場合　（モルタル吹付工　コンクリート吹付工　植生基材吹付工）	K_3	吹付枠工で枠内吹付をする場合は，対象となる規格・仕様の単価を係数で補正する。また，対象となる数量は，枠内に吹付ける面積とする。	

（注）各工種の標準の垂直高は下記のとおりとする。
　　　1）モルタル吹付工，コンクリート吹付工は45m以下。
　　　2）植生基材吹付工は45m以下。（下記図例を参照）
　　　3）客土吹付工は25m以下。
　　　4）種子散布工は30m以下。

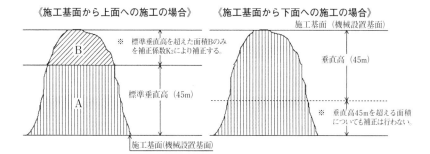

《施工基面から上面への施工の場合》　　《施工基面から下面への施工の場合》

新旧対比表

工種名	法面工　P.107

現　　行

（2）加算率・補正係数の数値

表2.8

区　　分		記号	モルタル吹付工	コンクリート吹付工	機械播種施工による植生工		
					植生基材吹付工	客土吹付工	種子散布工
加算率	施工規模	S0	(1,000m²以上) 0%	(1,000m²以上) 0%	(1,000m²以上) 0%	(1,000m²以上) 0%	(1,000m²以上) 0%
		S1	(500m²以上 1,000m²未満) 5%	(500m²以上 1,000m²未満) 5%	(500m²以上 1,000m²未満) 5%	(500m²以上 1,000m²未満) 5%	(500m²以上 1,000m²未満) 10%
		S2	(250m²以上 500m²未満) 15%	(250m²以上 500m²未満) 15%	(250m²以上 500m²未満) 10%	(250m²以上 500m²未満) 10%	(250m²以上 500m²未満) 20%
		S3	(250m²未満) 30%	(250m²未満) 30%	(250m²未満) 20%	(250m²未満) 20%	(250m²未満) 40%
補正係数	時間的制約を受ける場合	K1	1.05	1.05	1.05	1.05	1.10
	施工基面からの法面垂直高が45mを超え80m以下の場合	K2	－	－	1.10	－	－
	枠内吹付の場合	K3	0.80	0.80	0.80	－	－

（注）1．施工規模加算率（S1），（S2）または（S3）と時間的制約を受ける場合の補正係数（K1）が重複する場合は，施工規模加算率のみを対象とする。
　　　2．法面垂直高補正（K2）は，標準垂直高を超える面積（対象数量）についてのみ補正する。
　　　3．モルタル吹付工，コンクリート吹付工，植生基材吹付工における補正係数（K1），（K2）については，枠内吹付の場合も同じ係数を使用するものとする。
　　　4．1工事において，通常の吹付工と枠内吹付工がある場合，同種の吹付けに限り施工規模は合計施工数量で判定する。
　　　5．種子散布工については，1工事において法面部と平面部に施工する場合，施工規模は合計施工数量で判定する。
　　　6．枠内吹付補正（K3）は，法面清掃，ラス金網設置費用を含まない場合に補正する。

表2.9

区　　分		記号	人　力　施　工　に　よ　る　植　生　工				ネット張工
			植生マット工 植生シート工	植生筋工	筋芝工	張芝工	繊維ネット工
加算率	施工規模	S0	(1,000m²以上) 0%	(500m²以上) 0%	(500m²以上) 0%	(500m²以上) 0%	(1,000m²以上) 0%
		S1	(500m²以上 1,000m²未満) 5%	(300m²以上 500m²未満) 15%	(300m²以上 500m²未満) 15%	(300m²以上 500m²未満) 15%	(500m²以上 1,000m²未満) 5%
		S2	(500m²未満) 15%	(300m²未満) 35%	(300m²未満) 35%	(300m²未満) 35%	(500m²未満) 15%
補正係数	時間的制約を受ける場合	K1	1.05	1.15	1.15	1.15	1.05

（注）1．施工規模加算率（S1）または（S2）と時間的制約を受ける場合の補正係数（K1）が重複する場合は，施工規模加算率のみを対象とする。
　　　2．1工事において植生マットと植生シートを使用する場合，または植生シート工の標準品と環境品を使用する場合，施工規模は合計施工数量で判定する。
　　　3．張芝工については，1工事において法面部と平面部に施工する場合，施工規模は合計施工数量で判定する。

改　訂

（2）加算率・補正係数の数値

表2.8

区　分		記号	モルタル吹付工	コンクリート吹付工	機械播種施工による植生工		
					植生基材吹付工	客土吹付工	種子散布工
加算率	施工規模	S_0	（1,000m²以上）0%	（1,000m²以上）0%	（1,000m²以上）0%	（1,000m²以上）0%	（1,000m²以上）0%
		S_1	（500m²以上1,000m²未満）10%	（500m²以上1,000m²未満）10%	（500m²以上1,000m²未満）10%	（500m²以上1,000m²未満）10%	（500m²以上1,000m²未満）15%
		S_2	（250m²以上500m²未満）20%	（250m²以上500m²未満）20%	（250m²以上500m²未満）15%	（250m²以上500m²未満）15%	（250m²以上500m²未満）25%
		S_3	（100m²以上250m²未満）35%	（100m²以上250m²未満）35%	（100m²以上250m²未満）25%	（100m²以上250m²未満）25%	（100m²以上250m²未満）45%
		S_4	（100m²未満）50%	（100m²未満）50%	（100m²未満）50%	（100m²未満）50%	（100m²未満）60%
補正係数	時間的制約を受ける場合	K_1	1.05	1.05	1.05	1.05	1.10
	施工基面からの法面垂直高が45mを超え80m以下の場合	K_2	－	－	1.10	－	－
	枠内吹付の場合	K_3	0.80	0.80	0.80	－	－

(注) 1. 施工規模加算率（S_1），（S_2），（S_3）または（S_4）と時間的制約を受ける場合の補正係数（K_1）が重複する場合は，施工規模加算率のみを対象とする。
　　2. 法面垂直高補正（K_2）は，標準垂直高を超える面積（対象数量）についてのみ補正する。
　　3. モルタル吹付工，コンクリート吹付工，植生基材吹付工における補正係数（K_1），（K_2）については，枠内吹付の場合も同じ係数を使用するものとする。
　　4. 1工事において，通常の吹付工と枠内吹付工がある場合，同種の吹付けに限り施工規模は合計施工数量で判定する。
　　5. 種子散布工については，1工事において法面部と平面部に施工する場合，施工規模は合計施工数量で判定する。
　　6. 枠内吹付補正（K_3）は，法面清掃，ラス金網設置費用を含まない場合に補正する。

表2.9

区　分		記号	人　力　施　工　に　よ　る　植　生　工				ネット張工
			植生マット工植生シート工	植生筋工	筋芝工	張芝工	繊維ネット工
加算率	施工規模	S_0	（1,000m²以上）0%	（500m²以上）0%	（500m²以上）0%	（500m²以上）0%	（1,000m²以上）0%
		S_1	（500m²以上1,000m²未満）10%	（300m²以上500m²未満）20%	（300m²以上500m²未満）20%	（300m²以上500m²未満）20%	（500m²以上1,000m²未満）10%
		S_2	（250m²以上500m²未満）20%	（100m²以上300m²未満）40%	（100m²以上300m²未満）40%	（100m²以上300m²未満）40%	（250m²以上500m²未満）20%
		S_3	（250m²未満）35%	（100m²未満）50%	（100m²未満）50%	（100m²未満）50%	（250m²未満）35%
補正係数	時間的制約を受ける場合	K_1	1.05	1.15	1.15	1.15	1.05

(注) 1. 施工規模加算率（S_1），（S_2）または（S_3）と時間的制約を受ける場合の補正係数（K_1）が重複する場合は，施工規模加算率のみを対象とする。
　　2. 1工事において植生マットと植生シートを使用する場合，または植生シート工の標準品と環境品を使用する場合，施工規模は合計施工数量で判定する。
　　3. 張芝工については，1工事において法面部と平面部に施工する場合，施工規模は合計施工数量で判定する。

新旧対比表

工種名	法面工　P.108

現　　行

2－4　直接工事費の算出
　　直接工事費＝設計単価[注]×設計数量

> （注）設計単価＝標準の市場単価×　（1＋S_0 or S_1 or S_2 or S_3/100）　×　（$K_1 \times K_2 \times K_3$）

3．適用にあたっての留意事項

　（1）モルタル吹付工，コンクリート吹付工
　　　　1）法面部への施工を標準とするが，法面に一部平面部（小段等）が含まれる施工にも適用できる。ただ
　　　　　　し，平面部のみの施工には適用できない。
　　　　2）モルタル，コンクリートの強度は，15N/mm^2（150kgf/cm^2）程度以上とする。
　　　　3）特殊セメントを除き，普通セメント，高炉セメントの種別に関わらず適用できる。
　　　　4）菱形金網は，線径2.0mm網目50mm，アンカーピンはϕ9（D10）×L＝200mm・1.5本/m^{2}およびϕ16（D16）
　　　　　　×L＝400mm・0.3本/m^{2}をそれぞれ標準とする。
　　　　5）溶接金網を使用する場合は適用できない。
　　　　6）ラス張工はスペーサーの有無に関わらず適用できる。
　　　　7）補強鉄筋が必要な場合は別途計上する。
　　　　8）仮設ロープ等による施工を標準とする。
　　　　9）目地および水抜きパイプ等の施工の有無にかかわらず適用できる。
　　　　10）吸出し防止材が必要な場合は材料費，設置手間を別途計上する。
　　　　11）オーバーハングの法面は別途考慮する。
　　　　12）施工規模は，モルタル吹付工，コンクリート吹付工のそれぞれ1工事の全体数量で判定する。

　（2）植生基材吹付工
　　　　1）菱形金網は，線径2.0mm網目50mm，アンカーピンはϕ9（D10）×L＝200mm・1.5本/m^{2}およびϕ16（D16）
　　　　　　×L＝400mm・0.3本/m^{2}をそれぞれ標準とする。
　　　　2）仮設ロープ等による施工を標準とする。
　　　　3）施工規模は，植生基材吹付工のみの1工事の全体数量で判定する。
　　　　4）法面部への施工を標準とするが，法面に一部平面部（小段等）が含まれる施工にも適用できる。ただ
　　　　　　し，平面部のみの施工には適用できない。
　　　　5）ラス張工はスペーサーの有無に関わらず適用できる。
　　　　6）生育基盤材，肥料，接合材を含む。

　（3）客土吹付工，種子散布工
　　　　1）客土吹付工に併用して施工するラス張工は，114頁の吹付枠工による。
　　　　2）施工規模は，客土吹付工，種子散布工それぞれの1工事の全体数量で判定する。
　　　　3）客土吹付工は，法面部への施工を標準とするが，法面に一部平面部（小段等）が含まれる施工にも適
　　　　　　用できる。ただし，平面部のみの施工には適用できない。
　　　　4）種子散布工は施工場所（法面部・平面部）にかかわらず適用できる。
　　　　5）繊維ネット工が必要な場合は材料費，設置手間を別途計上する。
　　　　6）沖縄の種子散布工は，土壌団粒化剤を使用する。

　（4）枠内吹付工
　　　　1）枠内吹付に伴う法面清掃およびラス・アンカーピンの設置は，114頁の吹付枠工による。

改　訂

2−4　直接工事費の算出
直接工事費＝設計単価[注]×設計数量
(注)　設計単価＝標準の市場単価×（1＋S_0 or S_1 or S_2 or S_3 or S_4/100）×（K_1×K_2×K_3）

3．適用にあたっての留意事項

（1）モルタル吹付工，コンクリート吹付工
　1）法面部への施工を標準とするが，法面に一部平面部（小段等）が含まれる施工にも適用できる。ただし，平面部のみの施工には適用できない。
　2）モルタル，コンクリートの強度は，15N/mm²（150kgf/cm²）程度以上とする。
　3）特殊セメントを除き，普通セメント，高炉セメントの種別に関わらず適用できる。
　4）菱形金網は，線径2.0mm網目50mm，アンカーピンはϕ9（D10）×L＝200mm・1.5本/m²およびϕ16（D16）×L＝400mm・0.3本/m²をそれぞれ標準とする。
　5）溶接金網を使用する場合は適用できない。
　6）ラス張工はスペーサーの有無に関わらず適用できる。
　7）補強鉄筋が必要な場合は別途計上する。
　8）仮設ロープ等による施工を標準とする。
　9）目地および水抜きパイプ等の施工の有無にかかわらず適用できる。
　10）吸出し防止材が必要な場合は材料費，設置手間を別途計上する。
　11）オーバーハングの法面は別途考慮する。
　12）施工規模は，モルタル吹付工，コンクリート吹付工のそれぞれ1工事の全体数量で判定する。

（2）植生基材吹付工
　1）菱形金網は，線径2.0mm網目50mm，アンカーピンはϕ9（D10）×L＝200mm・1.5本/m²およびϕ16（D16）×L＝400mm・0.3本/m²をそれぞれ標準とする。
　2）仮設ロープ等による施工を標準とする。
　3）施工規模は，植生基材吹付工のみの1工事の全体数量で判定する。
　4）法面部への施工を標準とするが，法面に一部平面部（小段等）が含まれる施工にも適用できる。ただし，平面部のみの施工には適用できない。
　5）ラス張工はスペーサーの有無に関わらず適用できる。
　6）生育基盤材，肥料，接合材を含む。

（3）客土吹付工，種子散布工
　1）客土吹付工に併用して施工するラス張工は，114頁の吹付枠工による。
　2）施工規模は，客土吹付工，種子散布工それぞれの1工事の全体数量で判定する。
　3）客土吹付工は，法面部への施工を標準とするが，法面に一部平面部（小段等）が含まれる施工にも適用できる。ただし，平面部のみの施工には適用できない。
　4）種子散布工は施工場所（法面部・平面部）にかかわらず適用できる。
　5）繊維ネット工が必要な場合は材料費，設置手間を別途計上する。
　6）沖縄の種子散布工は，土壌団粒化剤を使用する。

（4）枠内吹付工
　1）枠内吹付に伴う法面清掃およびラス・アンカーピンの設置は，114頁の吹付枠工による。

工種名	吹付枠工　P.115

現　　行

2-2　市場単価の規格・仕様
吹付枠工の市場単価の規格・仕様区分は，下表のとおりである。

表2.1

区　分		規　格・仕　様	単位
吹付枠工	モルタル・コンクリート	梁断面　150×150	m
		〃　　　200×200	
		〃　　　300×300	
		〃　　　400×400	
		〃　　　500×500	
		〃　　　600×600	
ラス張工	法面清掃およびラス・アンカーピン設置		m²

2-3　加算率・補正係数
（1）加算率・補正係数の適用基準

表2.2

規　格・仕　様		記号	適　用　基　準	備考
加算率	施工規模	S_0	標　準	全体数量
		S_1 S_2 S_3	1工事の施工規模が標準より小さい場合は，対象となる規格・仕様の単価を率で加算する。	
補正係数	時間的制約を受ける場合	K_1	通常勤務すべき1日の作業時間（所定労働時間）を7時間以下4時間以上に制限をする場合は，対象となる規格・仕様の単価を係数で補正する。	対象数量
	ラス張工で法面清掃を必要としない場合	K_2	ラス張工で法面清掃を必要としない場合は，対象となる規格・仕様の単価を係数で補正する。	

（2）加算率・補正係数の数値

表2.3

区　分		記号	吹付枠工	ラス張工
加算率	施工規模	S_0	（500m以上） 0%	（1,000m²以上） 0%
		S_1	（250m以上500m未満） 10%	（500m²以上1,000m²未満） 15%
		S_2	（100m以上250m未満） 20%	（250m²以上500m²未満） 30%
		S_3	（100m未満） 40%	（250m²未満） 40%
補正係数	時間的制約を受ける場合	K_1	1.10	1.15
	ラス張工で法面清掃を必要としない場合	K_2	－	0.75

（注）1．施工規模加算率（S_1），（S_2）または（S_3）と時間的制約を受ける場合の補正係数（K_1）が重複する場合は，施工規模加算率のみを対象とする。
　　　2．ラス張工で法面清掃を必要としない場合の補正係数（K_2）は，各土吹付工において，ラス張工を施工する場合に適用する。補正により法面清掃とその際発生する残土の積込・運搬費用が市場単価より除かれる。

改　訂

2−2　市場単価の規格・仕様

吹付枠工の市場単価の規格・仕様区分は，下表のとおりである。

表2.1

区　　分		規　格　・　仕　様	単位
吹付枠工	モルタル・コンクリート	梁断面　150×150	m
		〃　　　200×200	
		〃　　　300×300	
		〃　　　400×400	
		〃　　　500×500	
		〃　　　600×600	
ラス張工	法面清掃およびラス・アンカーピン設置		m²

2−3　加算率・補正係数

（1）加算率・補正係数の適用基準

表2.2

規　格　・　仕　様		記号	適　用　基　準	備考
加算率	施工規模	S_0	標　準	全体数量
		S_1 S_2 S_3 S_4	1工事の施工規模が標準より小さい場合は，対象となる規格・仕様の単価を率で加算する。	
補正係数	時間的制約を受ける場合	K_1	通常勤務すべき1日の作業時間（所定労働時間）を7時間以下4時間以上に制限をする場合は，対象となる規格・仕様の単価を係数で補正する。	対象数量
	ラス張工で法面清掃を必要としない場合	K_2	ラス張工で法面清掃を必要としない場合は，対象となる規格・仕様の単価を係数で補正する。	

（2）加算率・補正係数の数値

表2.3

区　　分		記号	吹付枠工	ラス張工
加算率	施工規模	S_0	（500m以上）0%	（1,000m²以上）0%
		S_1	（250m以上500m未満）20%	（500m²以上1,000m²未満）20%
		S_2	（100m以上250m未満）30%	（250m²以上500m²未満）35%
		S_3	（50m以上100m未満）50%	（100m²以上250m²未満）45%
		S_4	（50m未満）80%	（100m²未満）60%
補正係数	時間的制約を受ける場合	K_1	1.10	1.15
	ラス張工で法面清掃を必要としない場合	K_2	−	0.75

（注）1．施工規模加算率（S_1），（S_2），（S_3）または（S_4）と時間的制約を受ける場合の補正係数（K_1）が重複する場合は，施工規模加算率のみを対象とする。
　　　2．ラス張工で法面清掃を必要としない場合の補正係数（K_2）は，客土吹付工において，ラス張工を施工する場合に適用する。補正により法面清掃とその際発生する残土の積込・運搬費用が市場単価より除かれる。

新旧対比表

工種名	吹付枠工　P.116

現　行

2－4　加算額

表2.4

	規　格・仕　様	適　用　基　準	単位
加	水切りモルタル・コンクリート	水切りモルタル・コンクリートを施工する場合，設計数量にしたがって加算する。	m³
算	表面コテ仕上げをする場合	吹付表面をコテ仕上げする場合，設計数量にしたがって加算する。	m²
額	間詰モルタル・コンクリート	間詰モルタル・コンクリートを施工する場合，設計数量にしたがって加算する。	m³

2－5　直接工事費の算出

直接工事費＝（設計単価[注1]×設計数量）＋加算額総金額[注2]

（注1）設計単価＝標準の市場単価×（1+S_0 or S_1 or S_2 or S_3/100）×（K_1×K_2）
（注2）加算額総金額＝加算額×総数量

3．適用にあたっての留意事項

（1）法枠長を計上する際の梁の距離は，下記を基本とする。

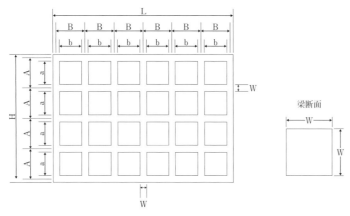

計算方法
　縦枠……H×{(L−W)÷B+1}
　横枠……b×{(L−W)÷B}×{(H−W)÷A+1}

（2）土質および法勾配は問わない。
（3）モルタル・コンクリートの強度は18N/mm²程度以上とする。
（4）異形棒鋼の材質はSD295，SD345を問わない。
（5）スターラップ（梁断面サイズ400×400以上）および水抜きパイプの有無は問わない。
（6）仮設ロープ等による施工を標準とする。
（7）主アンカー（法枠交点部のアンカー）の種類による市場単価の適用の可否は下表による。また，主アンカー
　　に使用するアンカーバーおよび補助アンカー（アンカーピン）の長さは1.0m以内とする。

改　訂

2－4　加算額

表2.4

	規　格・仕　様	適　用　基　準	単位
加	水切りモルタル・コンクリート	水切りモルタル・コンクリートを施工する場合，設計数量にしたがって加算する。	m³
算	表面コテ仕上げをする場合	吹付表面をコテ仕上げする場合，設計数量にしたがって加算する。	m²
額	間詰モルタル・コンクリート	間詰モルタル・コンクリートを施工する場合，設計数量にしたがって加算する。	m³

2－5　直接工事費の算出

直接工事費＝（設計単価[注1]×設計数量）＋加算額総金額[注2]

（注1）設計単価＝標準の市場単価×（1＋S_0 or S_1 or S_2 or S_3 or S_4/100）×（$K_1 \times K_2$）
（注2）加算額総金額＝加算額×総数量

3．適用にあたっての留意事項

（1）法枠長を計上する際の梁の距離は，下記を基本とする。

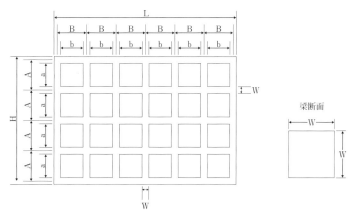

計算方法
　　縦枠……H×｛(L－W)÷B＋1｝
　　横枠……b×｛(L－W)÷B｝×｛(H－W)÷A＋1｝

（2）土質および法勾配は問わない。
（3）モルタル・コンクリートの強度は18N/mm²程度以上とする。
（4）異形棒鋼の材質はSD295，SD345を問わない。
（5）スターラップ（梁断面サイズ400×400以上）および水抜きパイプの有無は問わない。
（6）仮設ロープ等による施工を標準とする。
（7）主アンカー(法枠交点部のアンカー)の種類による市場単価の適用の可否は下表による。また，主アンカー
　　に使用するアンカーバーおよび補助アンカー（アンカーピン）の長さは1.0m以内とする。

新旧対比表

工種名	鉄筋挿入工（ロックボルト工）　P.124

現　　行

表2.2　現場条件Ⅱの削孔機械の上下移動

規格・仕様	単位
上下移動	回

表2.3　現場条件Ⅱの仮設足場の設置・撤去

規格・仕様	単位
設置・撤去	空m³

2－3　加算率・補正係数
（1）加算率・補正係数の適用基準

表2.4

規格・仕様		記号	適用基準	備考
加算率	施工規模	S_0	標準	全体数量
		S_1 S_2	1工事の施工規模が標準より小さい場合は，対象となる規格・仕様の単価を率で加算する。	
補正係数	時間的制約を受ける場合	K_1	通常勤務すべき1日の作業時間（所定労働時間）を7時間以下4時間以上に制限する場合は，対象となる規格・仕様の単価を係数で補正する。	対象数量
	施工基面からの法面垂直高が20mを超え，30m以下の場合	K_2	現場条件Ⅰにおいて，法面垂直高が20mを超え，30m以下の場合は，対象となる規格・仕様の単価を係数で補正する。	

（2）加算率・補正係数の数値

表2.5

区　分		記号	現場条件		
			Ⅰ	Ⅱ	Ⅲ
加算率	施工規模	S_0	（200m以上）0％	（200m以上）0％	－
		S_1	（100m以上200m未満）10％	（100m以上200m未満）10％	－
		S_2	（100m未満）25％	（100m未満）25％	－
補正係数	時間的制約を受ける場合	K_1	1.10	1.10	1.15
	法面垂直高が20mを超え，30m以下の場合	K_2	1.15	－	－

（注）施工規模加算率（S_1）または（S_2）と時間的制約を受ける場合の補正係数（K_1）が重複する場合は，施工規模加算率のみを対象とする。

2－4　直接工事費の算出
　　　　直接工事費＝設計単価(注)×設計数量
　　　（注）設計単価＝標準の市場単価×（1＋S_0 or S_1 or S_2/100）×（K_1×K_2）

改 訂

表2.2　現場条件Ⅱの削孔機械の上下移動

規 格・仕 様	単位
上下移動	回

表2.3　現場条件Ⅱの仮設足場の設置・撤去

規 格・仕 様	単位
設置・撤去	空m³

2－3　加算率・補正係数
（1）加算率・補正係数の適用基準

表2.4

規 格・仕 様		記号	適用基準	備考
加算率	施工規模	S_0	標準	全体数量
		S_1 S_2	1工事の施工規模が標準より小さい場合は，対象となる規格・仕様の単価を率で加算する。	
補正係数	時間的制約を受ける場合	K_1	通常勤務すべき1日の作業時間（所定労働時間）を7時間以下4時間以上に制限する場合は，対象となる規格・仕様の単価を係数で補正する。	対象数量
	施工基面からの法面垂直高が20mを超え，30m以下の場合	K_2	現場条件Ⅰにおいて，法面垂直高が20mを超え，30m以下の場合は，対象となる規格・仕様の単価を係数で補正する。	

（2）加算率・補正係数の数値

表2.5

区 分		記号	現場条件		
			Ⅰ	Ⅱ	Ⅲ
加算率	施工規模	S_0	（200m以上）0%	（200m以上）0%	－
		S_1	（100m以上200m未満）20%	（100m以上200m未満）20%	－
		S_2	（100m未満）35%	（100m未満）35%	－
補正係数	時間的制約を受ける場合	K_1	1.10	1.10	1.15
	法面垂直高が20mを超え，30m以下の場合	K_2	1.15	－	－

（注）施工規模加算率（S_1）または（S_2）と時間的制約を受ける場合の補正係数（K_1）が重複する場合は，施工規模加算率のみを対象とする。

2－4　直接工事費の算出
　　　　直接工事費＝設計単価(注)×設計数量
　　　　（注）設計単価＝標準の市場単価×（1＋S_0 or S_1 or S_2/100）×（K_1×K_2）

新旧対比表

工種名	橋梁用伸縮継手装置設置工　P.153

現　行

3．適用にあたっての留意事項

（1）補修工事の場合，1日当たりの実施工量（車線相当数）は，交通規制等の施工条件によるものとする。

（2）補修工事における施工数量は，表2.1に示す延長を標準とし，斜橋等で延長が変動しても，各車線相当単位の単価とする。

（3）現道拡幅工事で縦目地を新設する場合は，一般の新設工事と同等の施工条件を満足する場合に適用する。なお，新設工事と同等の施工条件とは，供用側床版端部のカッター工およびはつり工を完了しているものをいう。

（4）補修工事において，床版打ち抜き等により床版に影響が出る場合は，床版補修の費用を別途計上する。

（5）新設工事における工法（先付・後付）にかかわらず適用できる。

（6）地覆・壁高欄部のシーリング工および地覆・壁高欄カバー設置工の有無にかかわらず適用できる。（材料費は別途計上）

（7）廃材の運搬費については，別途計上する。

[参考] 市場単価適用可能橋梁用伸縮継手装置

製作会社名	名　称	型　番	伸縮量 (mm)	補強鉄筋質量 (kg/m)	※本体質量 (kg/1.8m)	摘要
アオイ化学工業	ラバトップジョイント（車道用）	GY-S20, S25, S35, S50, S60	20～60	4.0	59.4～72.7	
	ラバトップジョイント（歩道用）	GY-H20, H25, H35, H50, H60	20～60	4.0	41.2～45.9	
	ラバトップジョイント（耐グレーダー用）	GY-G20, G25, G35, G50, G60	20～60	4.0	69.7～83.0	誘導板付き
		GY-GL20, GL25, GL35	20～35	4.0	76.1～82.6	〃
	ラバトップジョイント	GT		4.0	14.8	
	ラバトップジョイント ZAKU	ZAKU25	25	3.98	49	誘導板別途
		ZAKU35	35	3.98	70	〃
川金コアテック	マゲバジョイント	RS	80	11.0	102.6	積雪地兼用，誘導板別途
橋梁メンテナンス	KMSジョイント	KMSⅢ-20, 35, 50, 50W	20～50	6.24	68.4～161.1	誘導板別途
		KMSⅢ-20D, 35D, 50D, 50WD	20～50	6.24	72.0～164.7	二重止水構造付き，誘導板別途
	KMAジョイント	KMA-60, 80, 110, 160	60～160	17.36～33.55	57.60～169.74	誘導板別途
		KMA-60N, 80N, 110N, 160N	60～160	17.52～33.71	61.20～174.96	二重止水構造付き，誘導板別途
	シーベックジョイント	SP-60KMA, 80KMA, 110KMA, 160KMA	60～160	12.86～14.36	81.36～151.92	
		TR-50	50	1.99	13.86	
クリエート中川	ウェイビーフックジョイント	W・V-20, 30, 50, 80, 100, 125, 150, 175, 200	20～200	6.24～12.48	51.0～153.0	
	ウェイビーフックリブジョイント	W・V・R-20, 30, 50, 80, 100, 125, 150, 175, 200	20～200	6.24～12.48	65.0～164.0	誘導板付き
	ウェルタージョイント	W・T-20, 30, 40, 50, 60, 70, 80, 90, 100	20～100	6.24～12.48	76.0～115.0	
	ウェルターリブジョイント	W・T・R-20, 30, 40, 50, 60, 70, 80, 90, 100	20～100	6.24～12.48	83.0～122.0	誘導板付き
	ウェルタージョイントK型	W・T・K-20, 25, 35, 50	20～50	6.24	52.0～59.0	
	ウェルタージョイントG型	WT-G20, G30, G50, G70	20～70	6.24	70.0～161.0	二重止水構造付き
	ウェルターリブジョイントG型	WTR-G20, G30, G50, G70	20～70	6.24	80.0～171.0	二重止水構造，誘導板付
	ウェルタージョイントGNS型	WT-G20NS, G30NS, G50NS, G70NS	20～70	6.24	76.0～172.0	二重止水構造付き
	シーアールティージョイント	C・R・T-20, 30, 35, 50, 60	20～60	6.24	47.0	
	ノンステップジョイント	N・S-20, 30, 50	20～50	6.24	41.0～46.0	
		N・S-80, 100, 125, 150, 175, 200, 220, 230	80～230	6.24	51.0～83.0	
クリテック工業	ハイブリッドジョイント	SS-20	20	6.24	28.1	二次止水材，誘導板別途
		NS-20	20	6.24	32.8	〃
		S-30, 40, 50	30～50	15.6	55.1～58.3	〃
		L-60, 70, 80, 90, 100	60～100	15.6	79.0～83.3	〃
		LL-125, 150, 175	125～175	15.6	100.3～131.0	〃

（表中の【用途関係】欄：車道用／歩道専用型／仕様有り，【設置方向】欄：道路縦断方向／道路横断方向，【遊間部形状】欄：直線型／歯型，【構造関係】欄：非排水構造，本体付属アンカー欄：分類（軽量型・普通型）／形式（ボルト後締め・本体溶接済み）／本体価格に含む　の各チェック項目あり）

※本体に付属するアンカーボルトが，分離可能な「ボルト後締め」の場合は，本体質量に含まない。

改　訂

3．適用にあたっての留意事項

（1）補修工事の場合，1日当たりの実施工量（車線相当数）は，交通規制等の施工条件によるものとする。

（2）補修工事における施工数量は，表2．1に示す延長を標準とし，斜橋等で延長が変動しても，各車線相当単位の単価とする。

（3）現道拡幅工事で縦目地を新設する場合は，一般の新設工事と同等の施工条件を満足する場合に適用する。なお，新設工事と同等の施工条件とは，供用側床版端部のカッター工およびはつり工を完了しているものをいう。

（4）補修工事において，床版打ち抜き等により床版に影響が出る場合は，床版補修の費用を別途計上する。

（5）新設工事における工法（先付・後付）にかかわらず適用できる。

（6）地覆・壁高欄部のシーリング工および地覆・壁高欄カバー設置工の有無にかかわらず適用できる。（材料費は別途計上）

（7）廃材の運搬費については，別途計上する。

［参考］市場単価適用可能橋梁用伸縮継手装置

製作会社名	伸縮装置 名称	型番	車道用	歩道用	専用型	仕様有り	道路縦断方向	道路横断方向	直線型	斜型	伸縮量(mm)	非排水構造	※補強鉄筋質量(kg/m)	※本体質量(kg/1.8m)	軽量型	普通型	ボルト後締め	本体溶接済み	本体価格に含む	摘要
アオイ化学工業	ラバトップジョイント（車道用）	GY-S20, S25, S35, S50, S60	○				○	○		○	20〜60	○	4.0	59.4〜72.7		○		○	○	
	ラバトップジョイント（歩道用）	GY-H20, H25, H35, H50, H60		○			○	○		○	20〜60	○	4.0	41.2〜45.9		○		○	○	
	ラバトップジョイント（耐グレーダー用）	GY-G20, G25, G35, G50, G60	○				○	○		○	20〜60	○	4.0	69.7〜83.0		○		○	○	誘導板付き
		GY-GL20, GL25, GL35	○				○	○		○	20〜35	○	4.0	76.1〜82.6		○		○	○	〃
	ラバトップジョイント	GT	○				○	○		○		○	4.0	14.8	○			○	○	
	ラバトップジョイントZAKU	ZAKU25	○		○		○	○		○	25	○	3.98	49	○			○	○	誘導板別途
		ZAKU35, 60	○		○		○	○		○	35〜60	○	3.98	70.0〜98.0	○			○	○	〃
川金コアテック	マゲバジョイント	RS	○				○	○		○	80	○	11.0	102.6		○		○	○	積雪地兼用，誘導板別途
橋梁メンテナンス	KMSジョイント	KMSⅢ-20, 35, 50, 50W	○				○	○		○	20〜50	○	6.24	68.4〜161.1		○		○	○	誘導板別途
		KMSⅢ-20D, 35D, 50D, 50WD	○				○	○		○	20〜50	○	6.24	72.0〜164.7		○		○	○	二重止水構造付き，誘導板別途
	KMAジョイント	KMA-60, 80, 110, 160	○				○	○		○	60〜160	○	17.36〜33.55	57.60〜169.74		○		○	○	誘導板別途
		KMA-60N, 80N, 110N, 160N	○				○	○		○	60〜160	○	17.52〜33.71	61.20〜174.96		○		○	○	二重止水構造付き，誘導板別途
	シーベックジョイント	SP-60KMA, 80KMA, 110KMA, 160KMA	○				○	○		○	60〜160	○	12.86〜14.36	81.36〜151.92		○		○	○	
		TR-50	○				○	○		○	50	○	1.99	13.86		○		○	○	
クリエート中川	ウェイビーフックジョイント	W・V-20, 30, 50, 80, 100, 125, 150, 175, 200	○				○	○		○	20〜200	○	6.24〜12.48	51.0〜153.0		○		○	○	
	ウェイビーフックリブジョイント	W・V・R-20, 30, 50, 80, 100, 125, 150, 175, 200	○		○		○	○		○	20〜200	○	6.24〜12.48	65.0〜164.0		○		○	○	誘導板付き
	ウェルタージョイント	W・T-20, 30, 40, 50, 60, 70, 80, 90, 100	○				○	○		○	20〜100	○	6.24〜12.48	76.0〜115.0		○		○	○	
	ウェルターリブジョイント	W・T・R-20, 30, 40, 50, 60, 70, 80, 90, 100	○		○		○	○		○	20〜100	○	6.24〜12.48	83.0〜122.0		○		○	○	誘導板付き
	ウェルタージョイントK型	W・T・K-20, 25, 35, 50	○				○	○		○	20〜50	○	6.24	52.0〜59.0		○		○	○	
	ウェルタージョイントG型	WT-G20, G30, G50, G70	○				○	○		○	20〜70	○	6.24	70.0〜161.0		○		○	○	二重止水構造付き
	ウェルターリブジョイントG型	WTR-G20, G30, G50, G70	○		○		○	○		○	20〜70	○	6.24	80.0〜171.0		○		○	○	二重止水構造，誘導板付
	ウェルタージョイントGNS型	WT-G20NS, G30NS, G50NS, G70NS	○				○	○		○	20〜70	○	6.24	76.0〜172.0		○		○	○	二重止水構造付き
	シーアールティージョイント	C・R・T-20, 30, 35, 50, 60	○				○	○		○	20〜60	○	6.24	47.0		○		○	○	
	ノンステップジョイント	N・S-20, 30, 50	○				○	○		○	20〜50	○	6.24	41.0〜46.0		○		○	○	
		N・S-80, 100, 125, 150, 175, 200, 220, 230	○				○	○		○	80〜230	○	6.24	51.0〜83.0		○		○	○	
クリテック工業	ハイブリッドジョイント	SS-20	○				○	○		○	20	○	6.24	28.1	○			○	○	二次止水材，誘導板別途
		NS-20	○				○	○		○	20	○	6.24	32.8	○			○	○	〃
		S-30, 40, 50	○				○	○		○	30〜50	○	15.6	55.1〜58.3		○		○	○	〃
		L-60, 70, 80, 90, 100	○				○	○		○	60〜100	○	15.6	79.0〜83.3		○		○	○	〃
		LL-125, 150, 175	○				○	○		○	125〜175	○	15.6	100.3〜131.0		○		○	○	〃

※本体に付属するアンカーボルトが，分離可能な「ボルト後締め」の場合は，本体質量に含まない。

新旧対比表

工種名	橋梁用伸縮継手装置設置工　P.154

現　行

［参考］市場単価適用可能橋梁用伸縮継手装置

製作会社名	伸縮装置 名称	型番	用途関係 車道用	用途関係 歩道用	積雪地対応 専用型	設置方 仕様有り	置方 道路縦断方向	遊間部 道路横断方向	形状 直線型	形状 歯型	伸縮量 (mm)	非排水構造	構造 補強鉄筋質量 (kg/m)	※本体質量 (kg/1.8m)	分類 軽量型	分類 普通型	形式 ボルト後締め	本体付属アンカー 本体溶接済み	本体価格に含む	摘要
クリテック工業	ハイブリッドジョイント	PS-20, 30, 40, 50, 60, 70, 80, 90, 100, 125, 150, 175, 200, 250, 300, 350, 400		○		○	○	○			20〜400	○	6.24	63.0〜135.7	○		○	○		二次止水材別途
		NPS-30		○		○	○	○			30	○	6.24	23.0	○		○	○		
		NRC-20, 35	○	○		○	○	○			20〜35	○	3.1	33.5〜40.3			○	○		誘導板別途
		HS-20	○				○	○		○	20	○	6.24	24.7			○	○		
山陽化学	チューリップジョイントSKJ型	20, 35, 50, 60	○	○		○	○	○			20〜60	○	1.56	50〜100			○	○		誘導板別途
	チューリップジョイントSKJ-F型	20, 35, 50	○	○		○	○	○			20〜50	○	1.56	41〜48			○	○		〃
		60, 80, 100	○	○		○	○	○			60〜100	○	1.56	68〜77			○	○		〃
ショーボンド建設	3S-Vジョイント	3S-20V, 30V	○	○		○	○	○			20〜30	○	6.2	55.0〜56.5			○	○		
		3S-40V	○				○	○			40	○	6.2	67.5			○	○		
	STジョイント	ST-20N, 30N, 40N, 50N, 60N, 80N	○				○	○		○	20〜80	○	6.2〜9.4	54.2〜156.5			○	○		
		ST-80G	○		○		○	○		○	80	○	9.4	162.3			○	○		誘導板付き
	スマートジョイント	SMJ-20, 30, 50, 70, 100	○				○	○		○	20〜100	○	6.2	61.1〜129.5			○	○		
	VMジョイント	VM	○	○		○	○	○			20	○	6.2	31.5	○		○	○		鉛直伸縮量20mm
	3S-Vジョイント(歩道用)	3S-V, 3S-20V, 30V		○		○	○	○			20〜30	○	6.2	37.8〜39.3			○	○		
	AIジョイント	AIJ-20, 30	○				○	○			20〜30	○	4.0	42.3〜44.8	○		○	○		
		AIJ-40, 50	○				○	○			40〜50	○	6.2	55.3〜58.1			○	○		
	SBHジョイント	SBH-40	○				○	○			40	○	4.0	40.5			○	○		
		SBH-60, 80	○				○	○			60〜80	○	4.0	53.8〜60.1			○	○		
新日本構研	スーパーリードジョイント	iG-1s, 1sw, 1v	○	○		○	○	○			80	○	10.58	95〜180			○	○		誘導板含む、二次止水構造別途
		F	○	○		○	○	○			60	○	7.86	63.00			○	○		誘導板、二次止水構造別途
		T	○	○		○	○	○			60	○	5.15	71.00			○	○		誘導板、二次止水構造別途
			○	○		○	○	○			60	○	3.53	49.00			○	○		鉛直伸縮量±30mm、二次止水構造別途
秩父産業	メタルジョイント	LC-A40, A60, A90, A120, A170		○		○	○	○			40〜170	○	6.2	77.5〜129.0			○	○		
		KC-A20, A30, A50, A70		○		○	○	○			20〜70	○	6.2	65.5〜141.4			○	○		
		SC-A30		○		○	○	○			30	○	4.0	33.3	○		○	○		
		KC-A20G, A30G, A50G, A70G	○	○		○	○	○			20〜70	○	6.2	70.7〜148.2			○	○		片側誘導板付き
		KC-A20WG, A30WG, A50WG, A70WG	○	○		○	○	○			20〜70	○	6.2	76.9〜156.4			○	○		両側誘導板付き
		SC-A30WG	○	○		○	○	○			30	○	4.0	39.6	○		○	○		
中外道路	ガイスライドジョイント	GS-20, 25, 30, 50, 80, 100, 125, 150, 175, 200, 220		○		○	○	○			20〜220	○	4.0	83〜119			○	○		
		GS-NL20, 30, 40, 50, 60, 70		○		○	○	○			20〜70	○	6.2	91.0〜110.0			○	○		
	スーパーガイトップジョイント	SGTd-20, 25, 30, 50	○				○	○			20〜50	○	6.2	50〜56			○	○		誘導板別途
		SGTd-80, 100	○				○	○			80〜100	○	12.5	70〜83			○	○		〃
		SGTd-125, 150, 175	○				○	○			125〜175	○	12.5	95〜160			○	○		〃
	メタルガージョイント	NL-20FL, 30FL, 40FL, 50FL, 60FL, 70FL				○	○	○			20〜70	○	6.2〜~~12.5~~	59〜149			○	○		〃
		NT-80FFL, ~~100FFL~~	○				○	○			80〜~~100~~	○	12.5	90〜~~180~~			○	○		〃
	CGスチールジョイント	NL-20F, 30F, 40F, 50F, 60F	○				○	○			20〜60	○	6.2〜12.5	50〜79			○	○		
	ラバエースジョイント	RTH-35, 60	○	○		○	○	○			35〜60	○	6.2	41〜47	○		○	○		誘導板別途
		RT-AS	○	○		○	○	○			20	○	6.2	41	○		○	○		〃
	PCJスーパージョイント	PCJ-20	○				○	○			20	○	6.2	49			○	○		〃
		PCJ-25, 35	○				○	○			25〜35	○	6.2	50〜58	○		○	○		〃
東京ファブリック工業	プロフジョイント	Nx型20, 30, 40, 50, 60	○				○	○		○	20〜60	○	6.24	63〜102			○	○		
		Nx型20, 30, 40, 50, 60, 80, 100		○		○	○	○			20〜100	○	6.24	53〜96			○	○		
		Nx型20, 30, 40, 50, 60, 80, 100		○		○	○	○			20〜100	○	6.24	67〜122			○	○		二重止水構造付き

※本体に付属するアンカーボルトが，分離可能な「ボルト後締め」の場合は，本体質量に含まない。

改　訂

[参考] 市場単価適用可能橋梁用伸縮継手装置

製作会社名	伸縮装置 名称	伸縮装置 型番	【用途関係】 車道用	歩道用	積雪地対応専用型	仕様方 (仕様有り)	設置方道路縦断方向	道路横断方向	遊間部形状 直線型	歯型	伸縮量 (mm)	非排水構造	【構造関係】 補強鉄筋質量 (kg/m)	※本体質量 (kg/1.8m)	分類 軽量型	普通型	形式 ボルト後締め	本体溶接済み	本体付属アンカー 本体価格に含む	摘要
クリテック工業	ハイブリッドジョイント	PS-20, 30, 40, 50, 60, 70, 80, 90, 100, 125, 150, 175, 200, 250, 300, 350, 400	○			○	○	○			20～400	○	6.24	63.0～135.7	○			○	○	二次止水材別途
		NPS-30		○			○	○			30	○	6.24	23.0	○			○	○	
		NRC-20, 35	○	○			○	○			20～35	○	3.1	33.5～40.3	○			○	○	誘導板別途
		HS-20	○				○	○			20	○	6.24	24.7	○			○	○	
山陽化学	チューリップジョイントSKJ型	20, 35, 50, 60	○				○	○			20～60	○	1.56	50～100	○			○	○	誘導板別途
	チューリップジョイントSKJ-F型	20, 35, 50	○				○	○			20～50	○	1.56	41～48	○			○	○	
		60, 80, 100	○				○	○			60～100	○	1.56	68～77	○			○	○	
	チューリップジョイントSKJ-U型	20, 30	○				○	○			20～30	○	1.56	41.4～45	○			○	○	誘導板別途
ショーボンド建設	3S-Vジョイント	3S-20V, 30V	○	○			○	○			20～30	○	6.2	55.0～56.5	○			○	○	
		3S-40V	○				○	○			40	○	6.2	67.5	○			○	○	
	STジョイント	ST-20N, 30N, 40N, 50N, 60N, 80N	○				○	○			20～80	○	6.2～9.4	54.2～156.5	○			○	○	
		ST-80G	○				○	○			80	○	9.4	162.3	○			○	○	誘導板付き
	スマートジョイント	SMJ-20, 30, 50, 70, 100	○				○	○			20～100	○	6.2	61.1～129.5	○			○	○	
	VMジョイント	VM	○				○	○			20	○	6.2	31.5	○			○	○	鉛直伸縮量20mm
	3S-Vジョイント(歩道用)	3S-V, 3S-20V, 30V		○			○	○			20～30	○	6.2	37.8～39.3	○			○	○	
	AIジョイント	AIJ-20, 30	○				○	○			20～30	○	4.0	42.3～44.8	○			○	○	
		AIJ-40, 50	○				○	○			40～50	○	6.2	55.3～58.1	○			○	○	
	SBHジョイント	SBH-40	○				○	○			40	○	4.0	40.5	○			○	○	
		SBH-60, 80	○				○	○			60～80	○	4.0	53.8～60.1	○			○	○	
新日本構研	スーパーリードジョイント	iG-1s, 1sw, 1v	○				○	○			80		10.58	95～180		○			○	誘導板含む、二次止水構造別途
		F	○				○	○			60		7.86	63.00		○			○	誘導板、二次止水構造別途
		T	○				○	○			60		5.15	71.00		○			○	誘導板、二次止水構造別途
			○				○	○			60		3.53	49.00		○			○	鉛直伸縮量±30mm、二次止水構造別途
秩父産業	メタルジョイント	LC-A40, A60, A90, A120, A170	○				○	○			40～170	○	6.2	77.5～129.0	○			○	○	
		KC-A20, A30, A50, A70	○				○	○			20～70	○	6.2	65.5～141.4	○			○	○	
		SC-A30	○				○	○			30	○	4.0	33.3	○			○	○	
		KC-A20G, A30G, A50G, A70G	○				○	○			20～70	○	6.2	70.7～148.2	○			○	○	片側誘導板付き
		KC-A20WG, A30WG, A50WG, A70WG	○				○	○			20～70	○	6.2	76.9～156.4	○			○	○	両側誘導板付き
		SC-A30WG	○				○	○			30	○	4.0	39.6	○			○	○	〃
中外道路	ガイスライドジョイント	GS-20, 25, 30, 50, 80, 100, 125, 150, 175, 200, 220	○				○	○			20～220	○	4.0	83～119	○			○	○	
		GS-NL20, 30, 40, 50, 60, 70	○				○	○			20～70	○	6.2	91.0～110.0	○			○	○	
	スーパーガイトップジョイント	SGTd-20, 25, 30, 50	○				○	○			20～50	○	6.2	50～56	○			○	○	誘導板別途
		SGTd-80, 100	○				○	○			80～100	○	12.5	70～83	○			○	○	
		SGTd-125, 150, 175	○				○	○			125～175	○	12.5	95～160	○			○	○	
	メタルガージョイント	NL-20FL, 30FL, 40FL, 50FL, 60FL, 70FL	○				○	○			20～70	○	6.2	59～149	○			○	○	
		NT-80FFL	○				○	○			80	○	12.5	91	○			○	○	
		NLt-30FL, 50FL, 70FL	○				○	○			30～70	○	6.2	86.0～169.0	○			○	○	
	CGスチールジョイント	NL-20F, 30F, 40F, 50F, 60F	○				○	○			20～60	○	6.2～12.5	50～79	○			○	○	
	ラバエースジョイント	RTH-35, 60	○				○	○			35～60	○	6.2	41～47	○			○	○	誘導板別途
		RT-AS	○	○			○	○			20	○	6.2	41	○			○	○	〃
	PCJスーパージョイント	PCJ-20	○				○	○			20	○	6.2	49	○			○	○	〃
		PCJ-25, 35	○				○	○			25～35	○	6.2	50～58	○			○	○	〃
東京ファブリック工業	プロフジョイント	Nx型20, 30, 40, 50, 60	○				○	○			20～60	○	6.24	63～102	○			○	○	
		Nx型20, 30, 40, 50, 60, 80, 100		○			○	○			20～100	○	6.24	53～96	○			○	○	
		Nx型20, 30, 40, 50, 60, 80, 100	○				○	○			20～100	○	6.24	67～122	○			○	○	二重構造付き

※本体に付属するアンカーボルトが，分離可能な「ボルト後締め」の場合は，本体質量に含まない。

工種名	橋梁用伸縮継手装置設置工　P.155

現　行

製作会社名	名称	型番	車道用	歩道用	積雪地専用型	仕様有り型	道路縦断方向	道路横断方向	直線型	歯型	伸縮量(mm)	非排水構造	補強鉄筋質量(kg/m)	※本体質量(kg/1.8m)	軽量型	普通型	ボルト後締め	本体溶接済み	本体価格に含む	摘要
東京ファブリック工業	プロフジョイント	CDx型20, 30, 40, 50, 60	○					○		○	20～60	○	6.24	60～115		○		○	○	
		CDx型20, 30, 40, 50, 60	○	○				○		○	20～60	○	6.24	65～120		○			○	誘導板付き
		CDx型20, 30, 40, 50, 60	○					○		○	20～60	○	6.24	84～143		○		○	○	二重止水構造付き
		CDx型20, 30, 40, 50, 60	○	○				○		○	20～60	○	6.24	88～147		○		○	○	二重止水構造付き、誘導板付き
	EPジョイント	EP型30	○	○		○			○		30	○	1.99	31.5	○					
ニッタ	トランスフレックスジョイント	TF-S, TF-S50	○				○	○	○		35～40	○	8.4	22.0～39.1		○	○			
		HTF-S, HTF-S50	○				○	○	○		35～40	○	5.0	22～39		○	○			
	SPジョイント	20N, 30N, 36N, 50N, 70N, 80N	○					○		○	20～80	○	6.2	52.8～133.2		○	○			
		20S, 30S, 36S, 50S, 70S, 80S	○					○		○	20～80	○	6.2	59.2～142.4		○	○			誘導板付き
	CWジョイント	20R, 30R, 40R, 50R, 60R	○					○		○	20～60	○	6.2	51.3～111.6		○	○			
		20S, 30S, 40S, 50S, 60S	○					○		○	20～60	○	6.2	59.2～119.2		○	○			誘導板付き
	AFジョイント	50, 70, 100, 160	○					○		○	50～160	○	2.0	19.3～31.7	○		○			
日本鋳造	マウラージョイント	E-80	○	○	○			○		○	80	○	25.0	117.0		○		○		積雪地兼用、誘導板別途
横浜ゴムMBジャパン	YMタイプ	YMN-1		○			○	○	○		20	○	4.98	11.88	○					
		YM-1		○			○	○	○		50	○	5.17	23.94	○					
		YMG-20	○	○			○	○	○		20	○	3.98	20.16	○					
	YHTタイプ	YHT-20, 30	○					○	○		20～30	○	6.24	60.12～60.84		○		○		
		YHT-50-N, 70-N, 90-N	○			○		○	○		50～90	○	6.24	102.6～156.6		○		○		誘導板別途
	YHT-Nタイプ	YHT-90-N改	○					○	○		90	○	6.24	158.4		○		○		誘導板別途、二輪車転倒防止構造
	YFSタイプ	YFS-20, 30	○	○				○	○		20～30	○	6.24	66.96～67.68		○		○		誘導板付き
	YMFタイプ	YMF-20, 25, 35, 50, 60	○					○	○		20～60	○	6.24	50.76～62.64		○		○		誘導板別途

改　訂

製作会社名	名称	型番	車道用	歩道用	積雪地対応専用型	仕様有り	道路縦断方向	道路横断方向	直線型	間歯型	伸縮量(mm)	非排水構造	補強鉄筋質量(kg/m)	※本体質量(kg/1.8m)	軽量型	普通型	ボルト後締め	本体溶接済み	本体価格に含む	摘要
東京ファブリック工業	プロフジョイント	CDx型20, 30, 40, 50, 60	○					○		○	20～60	○	6.24	61～117	○		○		○	
		CDx型20, 30, 40, 50, 60	○					○		○	20～60	○	6.24	66～121	○		○		○	誘導板付き
		CDx型20, 30, 40, 50, 60	○					○		○	20～60	○	6.24	84～143			○		○	二重止水構造付き
		CDx型20, 30, 40, 50, 60	○					○		○	20～60	○	6.24	88～147			○		○	二重止水構造付き、誘導板付き
	EPジョイント	EP型30	○	○			○		○		30	○	1.99	31.5	○		○		○	
ニッタ	トランスフレックスジョイント	TF-S, TF-S50	○					○		○	35～40	○	8.4	22.0～39.1	○		○		○	
		HTF-S, HTF-S50	○					○		○	35～40	○	5.0	22～39	○		○		○	
	SPジョイント	20N, 30N, 36N, 50N, 70N, 80N	○					○		○	20～80	○	6.2	52.8～133.2			○		○	
		20S, 30S, 36S, 50S, 70S, 80S	○					○		○	20～80	○	6.2	59.2～142.4			○		○	誘導板付き
	CWジョイント	20R, 30R, 40R, 50R, 60R	○					○		○	20～60	○	6.2	51.3～111.6			○		○	
		20S, 30S, 40S, 50S, 60S	○					○		○	20～60	○	6.2	59.2～119.2			○		○	誘導板付き
	AFジョイント	50, 70, 100, 160		○				○		○	50～160	○	2.0	19.3～31.7	○		○		○	
日本鋳造	マウラージョイント	E-80	○		○			○		○	80		25.0	117.0		○		○	○	積雪地兼用, 誘導板別途
日之出水道機器	ヒノダクタイルジョイントα	HDJ-CCV20, 40	○					○		○	20～40		4.0	72.0～83.6		○	○		○	
		HSJ-SW-R40, 80	○					○		○	40～80		4.0	50.6～78.2		○	○		○	
横浜ゴムMBジャパン	YMタイプ	YMN-1					○		○	○	20	○	4.98	11.88	○		○		○	
		YM-1					○		○	○	50	○	5.17	23.94	○		○		○	
		YMG-20					○		○	○	20	○	3.98	20.16	○		○		○	
	YHTタイプ	YHT-20, 30	○					○		○	20～30	○	6.24	60.12～60.84	○		○		○	
	YHT-Nタイプ	YHT-50-N, 70-N, 90-N	○					○		○	50～90	○	6.24	102.6～156.6			○		○	誘導板別途
		YHT-90-N改	○					○		○	90	○	6.24	158.4			○		○	誘導板別途、二輪車転倒防止構造
	YFSタイプ	YFS-20, 30	○	○				○		○	20～30	○	6.24	66.96～67.68	○		○		○	誘導板付き
	YMFタイプ	YMF-20, 25, 35, 50, 60	○	○				○		○	20～60	○	6.24	50.76～62.64	○		○		○	誘導板別途

工種名	鉄筋工　P.243
	現　　行

3．標準市場単価の補正

1）施工規模による補正
ケーソン製作の施工規模補正
施工数量は，40t以上を標準とし，1工事における全体数量で判断する。施工数量が40t未満の場合は，下記の係数（K_1）で補正する。

$$補正後の市場単価＝掲載している標準市場単価×(1＋K_1)$$
$$K_1：施工規模による補正係数　　　0.1$$

2）構造形式による補正
スリットケーソン製作の場合，下記の係数（K_2）で補正する。

$$補正後の市場単価＝掲載している標準市場単価×(1＋K_2)$$
$$K_2：スリットケーソンの補正係数　　　0.05$$

3）上記1）2）が重複する場合は下記の式による。

$$補正後の市場単価＝掲載している標準市場単価×(1＋K_1)×(1＋K_2)$$

4．適用にあたっての留意事項

1）所定労働時間内8時間を標準とする（時間外，休日および深夜の作業については割増等を含まないため対象外とする）。
2）潮待ちにより時間的制約が生じる場合は対象外とする。
3）鉄筋の現場加工・組立作業とし径9（D10）以上径38（D38）未満を対象とする。
4）異形鉄筋・普通鉄筋とも同一条件とし，市場単価の区分はない。
5）フローティングドック（F・D），ドルフィンドック（D・D），クレーン付台船等の作業船費用および付属クレーンの費用は含まない。
6）離島等の特殊施工地域は対象外とする。
離島の定義については，「底面工」の　3．適用にあたっての留意事項を参照。
7）消費税等相当額は含まない。

改　訂

３．標準市場単価の補正

１）施工規模による補正
ケーソン製作の施工規模補正
施工数量は，40t以上を標準とし，1工事における全体数量で判断する。施工数量が40t未満の場合は，下記の係数（K_1）で補正する。

補正後の市場単価＝掲載している標準市場単価×$(1+K_1)$
K_1：施工規模による補正係数　　0.1

２）構造形式による補正
スリットケーソン製作の場合，下記の係数（K_2）で補正する。

補正後の市場単価＝掲載している標準市場単価×$(1+K_2)$
K_2：スリットケーソンの補正係数　　0.15

３）上記1）2）が重複する場合は下記の式による。

補正後の市場単価＝掲載している標準市場単価×$(1+K_1)$×$(1+K_2)$

４．適用にあたっての留意事項

１）所定労働時間内8時間を標準とする（時間外，休日および深夜の作業については割増等を含まないため対象外とする）。
２）潮待ちにより時間的制約が生じる場合は対象外とする。
３）鉄筋の現場加工・組立作業とし径9（D10）以上径38（D38）未満を対象とする。
４）異形鉄筋・普通鉄筋とも同一条件とし，市場単価の区分はない。
５）フローティングドック（F・D），ドルフィンドック（D・D），クレーン付台船等の作業船費用および付属クレーンの費用は含まない。
６）離島等の特殊施工地域は対象外とする。
離島の定義については，「底面工」の　**３．適用にあたっての留意事項**を参照。
７）消費税等相当額は含まない。

新旧対比表

工種名	型枠工　P.251

現　　　行

3．標準市場単価の補正

1）施工規模による補正
　ケーソン製作の施工規模補正
　施工数量は2,000m²を標準とし，1工事における全体数量で判断する。
　施工数量が2,000m²未満の場合は下記の係数（K_1）で補正する。

$$補正後の市場単価＝掲載している標準市場単価×(1＋K_1)$$
$$K_1：施工規模による補正係数　　0.1$$

2）構造形式による補正
　スリットケーソン製作の場合，下記の係数（K_2）で補正する。

$$補正後の市場単価＝掲載している標準市場単価×(1＋K_2)$$
$$K_2：スリットケーソンの補正係数　　0.05$$

3）上記1）2）が重複する場合は下記の式による。

$$補正後の市場単価＝掲載している標準市場単価×(1＋K_1)×(1＋K_2)$$

4．適用にあたっての留意事項

1）所定労働時間内8時間を標準とする（時間外，休日および深夜の作業については割増等を含まないため対象外とする）。
2）潮待ちにより時間的制約が生じる場合は対象外とする。
3）支保架払い・足場架払いは含まない。
4）方塊製作で底型枠を使用する場合も標準市場単価の対象とする。
5）フローティングドック（F・D），ドルフィンドック（D・D），クレーン付台船等の作業船費用および付属クレーンの費用は含まない。
6）離島等の特殊施工地域は対象外とする。
　離島の定義については，「底面工」の　3．適用にあたっての留意事項を参照。
7）消費税等相当額は含まない。

改　訂

3．標準市場単価の補正

1）施工規模による補正
　ケーソン製作の施工規模補正
　施工数量は2,000m²を標準とし，1工事における全体数量で判断する。
　施工数量が2,000m²未満の場合は下記の係数（K_1）で補正する。

補正後の市場単価＝掲載している標準市場単価×$(1+K_1)$
　　K_1：施工規模による補正係数　　　0.1

2）構造形式による補正
　スリットケーソン製作の場合，下記の係数（K_2）で補正する。

補正後の市場単価＝掲載している標準市場単価×$(1+K_2)$
　　K_2：スリットケーソンの補正係数　　　0.1

3）上記1）2）が重複する場合は下記の式による。

補正後の市場単価＝掲載している標準市場単価×$(1+K_1)$×$(1+K_2)$

4．適用にあたっての留意事項

1）所定労働時間内8時間を標準とする（時間外，休日および深夜の作業については割増等を含まないため対象外とする）。
2）潮待ちにより時間的制約が生じる場合は対象外とする。
3）支保架払い・足場架払いは含まない。
4）方塊製作で底型枠を使用する場合も標準市場単価の対象とする。
5）フローティングドック（F・D），ドルフィンドック（D・D），クレーン付台船等の作業船費用および付属クレーンの費用は含まない。
6）離島等の特殊施工地域は対象外とする。
　離島の定義については，「底面工」の　**3．適用にあたっての留意事項**を参照。
7）消費税等相当額は含まない。

新旧対比表

工種名	区画線工　P.359

現　行

【参考】

区画線工で使用する一般的な材料仕様

規格・仕様（同等以上）	種　　別	施工方式
JIS K 5665 1種　A JIS K 5665 1種　B	トラフィックペイント常温型	ペイント式水性型 ペイント式溶剤型
JIS K 5665 2種　A JIS K 5665 2種　B	トラフィックペイント加熱型	ペイント式水性型 ペイント式溶剤型
JIS K 5665 3種	トラフィックペイント溶融型	溶融式
JIS R 3301 1号	ガラスビーズ	各方式に合わせて使用
トラフィックペイント接着用	プライマー	溶融式

※材料費については月刊「積算資料」参照。

標準的な材料使用量
◆溶融式（手動）

1,000m当たり

名称	適用	単位	実線				破線				ゼブラ				矢印・記号・文字
			15cm	20cm	30cm	45cm	15cm	20cm	30cm	45cm	15cm	20cm	30cm	45cm	15cm換算
塗料	厚1.5mm	kg	570	760	1130	1700	570	760	1130	1700	570	760	1130	1700	570
	（厚1.0mm）		(390)	(520)	(780)	(1170)	(390)	(520)	(780)	(1170)	(390)	(520)	(780)	(1170)	(390)
	厚1.5mm　排水性舗装	kg	855	1140	1695	2550	855	1140	1695	2550	855	1140	1695	2550	855
	（厚1.0mm）　　〃		(585)	(780)	(1170)	(1755)	(585)	(780)	(1170)	(1755)	(585)	(780)	(1170)	(1755)	(585)
ガラスビーズ	JIS R 3301 1号	kg	25	33	50	75	25	33	50	75	25	33	50	75	25
プライマー	トラフィックペイント接着用	kg	25	33	50	75	25	33	50	75	25	33	50	75	25
軽油	供用区間	ℓ	44	48	71	80	49	54	80	88	52	57	84	98	110
	排水性舗装		46	50	74	84	51	56	84	93	54	60	89	103	116
	未供用区間		40	43	65	73	44	49	73	80	47	52	77	89	100
	排水性舗装で未供用区間		42	46	68	77	47	52	77	84	50	55	81	94	105

※使用材料の塗料，ガラスビーズ，プライマーはロス分を含む数量である。
※プロパンガス等の費用は主材料(塗料，ガラスビーズ，プライマー，燃料)の5％を計上する。

◆ペイント式（車載式）

1,000m当たり

名称	適用	単位	実線	破線	
			15cm	15cm	30cm
塗料	加熱式で施工する場合	ℓ	70	70	140
	常温式で施工する場合		50	50	100
ガラスビーズ	加熱式で施工する場合	kg	59	59	118
	常温式で施工する場合		39	39	78
軽油	供用区間	ℓ	34	41	51
	未供用区間		27	32	40

※使用材料の塗料，ガラスビーズはロス分を含む数量である。
※プロパンガス，希釈剤等の費用は主材料(塗料，ガラスビーズ，燃料)の3％を計上する。

◆区画線消去（削り取り式）燃料使用量

1,000m当たり

名称	単位	15cm換算
軽油	ℓ	67
ガソリン	ℓ	37

改　訂

【参考】

区画線工で使用する一般的な材料仕様		
規格・仕様（同等以上）	種　　別	施工方式
JIS K 5665 1種　A	トラフィックペイント常温型	ペイント式水性型
JIS K 5665 1種　B		ペイント式溶剤型
JIS K 5665 2種　A	トラフィックペイント加熱型	ペイント式水性型
JIS K 5665 2種　B		ペイント式溶剤型
JIS K 5665 3種	トラフィックペイント溶融型	溶融式
JIS R 3301 1号	ガラスビーズ	各方式に合わせて使用
トラフィックペイント接着用	プライマー	溶融式

※材料費については月刊「積算資料」参照。

標準的な材料使用量
◆溶融式（手動）

1,000m当たり

名称	適用	単位	実線				破線				ゼブラ				矢印・記号・文字
			15cm	20cm	30cm	45cm	15cm	20cm	30cm	45cm	15cm	20cm	30cm	45cm	15cm換算
塗料	厚1.5mm	kg	570	760	1130	1700	570	760	1130	1700	570	760	1130	1700	570
	（厚1.0mm）		(390)	(520)	(780)	(1170)	(390)	(520)	(780)	(1170)	(390)	(520)	(780)	(1170)	(390)
	厚1.5mm　排水性舗装	kg	855	1140	1695	2550	855	1140	1695	2550	855	1140	1695	2550	855
	（厚1.0mm）　〃		(585)	(780)	(1170)	(1755)	(585)	(780)	(1170)	(1755)	(585)	(780)	(1170)	(1755)	(585)
ガラスビーズ	JIS R 3301 1号	kg	25	33	50	75	25	33	50	75	25	33	50	75	25
プライマー	トラフィックペイント接着用	kg	25	33	50	75	25	33	50	75	25	33	50	75	25
軽油	供用区間	ℓ	40	43	65	73	44	49	73	80	47	52	77	89	100
	排水性舗装		42	46	68	77	47	52	77	84	50	55	81	94	105
	未供用区間		36	39	59	66	40	44	66	73	43	47	70	81	91
	排水性舗装で未供用区間		38	42	62	70	43	47	70	77	45	50	74	85	96

(注) 1. 使用材料の塗料，ガラスビーズ，プライマーはロス分を含む数量である。
2. プロパンガス等の費用は主材料(塗料，ガラスビーズ，プライマー，燃料)の5％を計上する。

◆ペイント式（車載式）

1,000m当たり

名称	適用	単位	実線	破線	
			15cm	15cm	30cm
塗料	加熱式で施工する場合	ℓ	70	70	140
	常温式で施工する場合		50	50	100
ガラスビーズ	加熱式で施工する場合	kg	59	59	118
	常温式で施工する場合		39	39	78
軽油	供用区間	ℓ	33	40	50
	未供用区間		26	31	39

(注) 1. 使用材料の塗料，ガラスビーズはロス分を含む数量である。
2. プロパンガス，希釈剤等の費用は主材料(塗料，ガラスビーズ，燃料)の3％を計上する。

◆区画線消去（削り取り式）燃料使用量

1,000m当たり

名称	単位	15cm換算
軽油	ℓ	62
ガソリン	ℓ	35

新旧対比表

工種名	区画線工　P.360

現　　行

◆**溶融式（車載式）**　　　　　　　　　1,000m当たり

名称	適用	単位	北海道特殊規格		
			実線		破線
			15cm	20cm	15cm
塗料	厚1.2mm	kg	450	600	450
	（厚1.0mm）		(380)	(500)	(380)
	厚1.2mm　排水性舗装		450	600	450
	（厚1.0mm）　　〃		(380)	(500)	(380)
ガラスビーズ	JIS R 3301 1号	kg	25	33	25
プライマー	トラフィックペイント接着用	kg	25	33	25
軽油	供用区間	ℓ	39	39	47
	排水性舗装		39	39	47
	未供用区間		31	31	37
	排水性舗装で未供用区間		31	31	37

※使用材料の塗料，ガラスビーズ，プライマーはロス分を含む数量である。
※プロパンガス等の費用は主材料（塗料，ガラスビーズ，プライマー，燃料）の5％を計上する。

◆**ペイント式（車載式）**　　　　　　　1,000m当たり

名称	適用	単位	北海道特殊規格		
			実線		破線
			20cm	25cm	45cm
塗料	加熱式で施工する場合	ℓ	93	117	210
	常温式で施工する場合		67	83	150
ガラスビーズ	加熱式で施工する場合	kg	79	98	177
	常温式で施工する場合		52	65	117
軽油	供用区間	ℓ	34	38	57
	未供用区間		27	30	45

※使用材料の塗料，ガラスビーズはロス分を含む数量である。
※プロパンガス，希釈剤等の費用は主材料（塗料，ガラスビーズ，燃料）の3％を計上する。

◆**ペイント式（手動式）**　　　　　　　1,000m当たり

名称	適用	単位	北海道特殊規格	
			実線	ゼブラ
			15cm換算	15cm換算
塗料	常温式	ℓ	50	50
ガラスビーズ	JIS R 3301 1号	kg	39	39
軽油	供用区間	ℓ	20	24
	未供用区間		18	21
ガソリン	供用区間	ℓ	2.6	3.1
	未供用区間		2.4	2.8

※使用材料の塗料，ガラスビーズはロス分を含む数量である。
※プロパンガス，希釈剤等の費用は主材料（塗料，ガラスビーズ，燃料）の3％を計上する。

改　訂

◆溶融式（車載式）

1,000m当たり

名称	適用	単位	北海道特殊規格		
			実線		破線
			15cm	20cm	15cm
塗料	厚1.2mm （厚1.0mm）	kg	450 (380)	600 (500)	450 (380)
	厚1.2mm　排水性舗装 （厚1.0mm）　〃		450 (380)	600 (500)	450 (380)
ガラスビーズ	JIS R 3301 1号	kg	25	33	25
プライマー	トラフィックペイント接着用	kg	25	33	25
軽油	供用区間	ℓ	37	37	45
	排水性舗装		37	37	45
	未供用区間		30	30	35
	排水性舗装で未供用区間		30	30	35

（注）1. 使用材料の塗料，ガラスビーズ，プライマーはロス分を含む数量である。
　　　2. プロパンガス等の費用は主材料(塗料，ガラスビーズ，プライマー，燃料)の5％を計上する。

◆ペイント式（車載式）

1,000m当たり

名称	適用	単位	北海道特殊規格		
			実線		破線
			20cm	25cm	45cm
塗料	加熱式で施工する場合	ℓ	93	117	210
	常温式で施工する場合		67	83	150
ガラスビーズ	加熱式で施工する場合	kg	79	98	177
	常温式で施工する場合		52	65	117
軽油	供用区間	ℓ	33	37	55
	未供用区間		26	29	43

（注）1. 使用材料の塗料，ガラスビーズはロス分を含む数量である。
　　　2. プロパンガス，希釈剤等の費用は主材料(塗料，ガラスビーズ，燃料)の3％を計上する。

◆ペイント式（手動式）

1,000m当たり

名称	適用	単位	北海道特殊規格	
			実線	ゼブラ
			15cm換算	15cm換算
塗料	常温式	ℓ	50	50
ガラスビーズ	JIS R 3301 1号	kg	39	39
軽油	供用区間	ℓ	19	22
	未供用区間		17	20
ガソリン	供用区間	ℓ	2.7	3.2
	未供用区間		2.5	2.9

（注）1. 使用材料の塗料，ガラスビーズはロス分を含む数量である。
　　　2. プロパンガス，希釈剤等の費用は主材料(塗料，ガラスビーズ，燃料)の3％を計上する。

工種名	高視認性区画線工　P.397

現　行

◆リブ式（溶融式）燃料使用量（各製品共通）

1,000m当たり

名称	適用	単位	実線		
			15cm	20cm	30cm
軽油	供用区間	ℓ	59	68	88
	未供用区間		53	62	80
ガソリン	供用区間		2.5	2.9	3.8
	未供用区間		2.3	2.7	3.5

※材料費については月刊「積算資料」参照。
※使用材料の塗料，ガラスビーズ，プライマーはロス分を含む数量である。
※プロパンガス等の費用は主材料（塗料，ガラスビーズ，プライマー，燃料）の2%を計上する。

◆非リブ式（溶融式）

1,000m当たり

製品名			レインフラッシュグルービー				グリットライン				ミストラインスーパー			
メーカー名			アトミクス				キクテック・信号器材				信号器材			
名称	規格	単位	実線・ゼブラ				実線・ゼブラ				実線・ゼブラ			
			15cm	20cm	30cm	45cm	15cm	20cm	30cm	45cm	15cm	20cm	30cm	45cm
塗料		kg	720	960	1440	2160	563	751	1126	1689	563	750	1125	1688
ガラスビーズ	JIS R 3301 1号	kg	－	－	－	－	－	－	－	－	25	33	50	75
	専用ガラスビーズ		53	70	105	158	75	100	150	225	42	56	84	126
プライマー	高輝度路面標示塗料接着用	kg	25	33	50	75	25	33	50	75	25	33	50	75

◆非リブ式（溶融式）燃料使用量（各製品共通）

1,000m当たり

名称	適用	単位	実線				ゼブラ			
			15cm	20cm	30cm	45cm	15cm	20cm	30cm	45cm
軽油	供用区間	ℓ	59	68	88	104	68	80	110	125
	未供用区間		53	62	80	94	62	73	100	114
ガソリン	供用区間		2.5	2.9	3.8	4.5	2.9	3.5	4.8	5.4
	未供用区間		2.3	2.7	3.5	4.1	2.7	3.1	4.3	4.9

※材料費については月刊「積算資料」参照。
※使用材料の塗料，ガラスビーズ，プライマーはロス分を含む数量である。
※プロパンガス等の費用は主材料（塗料，ガラスビーズ，プライマー，燃料）の2%を計上する。

◆高視認性区画線消去（削り取り式）燃料使用量

1,000m当たり

名称	単位	15cm換算
軽油	ℓ	67
ガソリン	ℓ	37

改　訂

◆リブ式（溶融式）燃料使用量（各製品共通）
1,000m当たり

名称	適用	単位	実線		
			15cm	20cm	30cm
軽油	供用区間	ℓ	54	62	81
	未供用区間		49	57	74
ガソリン	供用区間		2.5	2.9	3.8
	未供用区間		2.3	2.7	3.5

（注）1．材料費については月刊「積算資料」参照。
　　　2．使用材料の塗料，ガラスビーズ，プライマーはロス分を含む数量である。
　　　3．プロパンガス等の費用は主材料（塗料，ガラスビーズ，プライマー，燃料）の2％を計上する。

◆非リブ式（溶融式）
1,000m当たり

製品名			レインフラッシュグルービー				グリットライン				ミストラインスーパー			
メーカー名			アトミクス				キクテック・信号器材				信号器材			
名称	規格	単位	実線・ゼブラ				実線・ゼブラ				実線・ゼブラ			
			15cm	20cm	30cm	45cm	15cm	20cm	30cm	45cm	15cm	20cm	30cm	45cm
塗料		kg	720	960	1440	2160	563	751	1126	1689	563	750	1125	1688
ガラスビーズ	JIS R 3301 1号	kg	—	—	—	—	—	—	—	—	25	33	50	75
	専用ガラスビーズ		53	70	105	158	75	100	150	225	42	56	84	126
プライマー	高輝度路面標示塗料接着用	kg	25	33	50	75	25	33	50	75	25	33	50	75

◆非リブ式（溶融式）燃料使用量（各製品共通）
1,000m当たり

名称	適用	単位	実線				ゼブラ			
			15cm	20cm	30cm	45cm	15cm	20cm	30cm	45cm
軽油	供用区間	ℓ	54	62	81	95	62	74	101	115
	未供用区間		49	57	74	87	57	67	92	105
ガソリン	供用区間		2.5	2.9	3.8	4.5	2.9	3.5	4.8	5.4
	未供用区間		2.3	2.7	3.5	4.1	2.7	3.1	4.3	4.9

（注）1．材料費については月刊「積算資料」参照。
　　　2．使用材料の塗料，ガラスビーズ，プライマーはロス分を含む数量である。
　　　3．プロパンガス等の費用は主材料（塗料，ガラスビーズ，プライマー，燃料）の2％を計上する。

◆高視認性区画線消去（削り取り式）燃料使用量
1,000m当たり

名称	単位	15cm換算
軽油	ℓ	62
ガソリン	ℓ	35

工種名	排水構造物工　P.414

現　行

排 水 構 造 物 工

1．適用範囲

1－1　標準単価が適用できる範囲
（1）排水構造物工のうちプレキャスト製品によるU型（落蓋型，鉄筋コンクリートベンチフリュームを含む）
　　側溝，自由勾配側溝および蓋版の設置，再利用撤去工事に適用。

1－2　標準単価が適用できない範囲
（1）再利用を目的としない側溝本体および蓋版本体の撤去工事。
（2）地すべり防止施設および急傾斜崩壊対策施設における側溝の設置工事。
（3）その他，規格・仕様等が適合しない場合。

2．標準単価の設定

2－1　標準単価の構成と範囲
　　　　標準単価で対応しているのは，機・労・材の○およびフロー図の実線部分である。

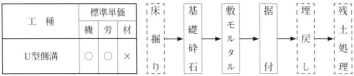

（注）1．側溝本体，基礎砕石の材料費は含まない。
　　　2．敷モルタルの材料費（ロス含む）は含む。
　　　3．据付に必要なクレーンおよびカッターブレード，コンクリートカッター，目地モルタル，U型側溝損失分の費用，
　　　　　現場内小運搬等の費用を含む。
　　　4．基面整正は含まない。

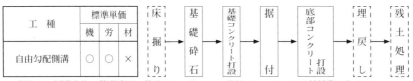

（注）1．側溝本体，基礎砕石，基礎コンクリート，底部コンクリートの材料費は含まない。
　　　2．据付に必要なクレーンおよびカッターブレード，コンクリートカッター，目地モルタル，自由勾配側溝損失分の
　　　　　費用，現場内小運搬等の費用を含む。
　　　3．基面整正は含まない。
　　　4．特殊養生，雪寒仮囲いのための機械経費，労務費，材料費は含まない。なお必要な場合は別途計上する。

工　種	標準単価			据
	機	労	材	
蓋　版	○	○	×	付

（注）1．蓋版本体の材料費は含まない。
　　　2．鋼製蓋版の場合は，受枠の設置を含む。
　　　3．現場内小運搬等の費用を含む。

改　訂

排　水　構　造　物　工

1．適用範囲

1－1　標準単価が適用できる範囲
（1）排水構造物工のうちプレキャスト製品によるU型（落蓋型，鉄筋コンクリートベンチフリュームを含む）側溝，自由勾配側溝および蓋版の設置，再利用撤去工事に適用。

1－2　標準単価が適用できない範囲
（1）再利用を目的としない側溝本体および蓋版本体の撤去工事。
（2）地すべり防止施設および急傾斜崩壊対策施設における側溝の設置工事。
（3）その他，規格・仕様等が適合しない場合。

2．標準単価の設定

2－1　標準単価の構成と範囲
標準単価で対応しているのは，機・労・材の○およびフロー図の実線部分である。

（注）1．側溝本体，基礎砕石の材料費は含まない。
　　　2．敷モルタルの材料費（ロス含む）は含む。
　　　3．据付に必要なクレーンおよびカッターブレード，コンクリートカッター，目地モルタル，U型側溝損失分の費用，現場内小運搬等の費用を含む。
　　　4．側溝本体の切断により生じる粉塵の処理については，別途考慮する。
　　　5．基面整正は含まない。

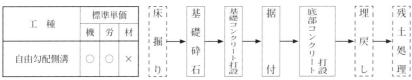

（注）1．側溝本体，基礎砕石，基礎コンクリート，底部コンクリートの材料費は含まない。
　　　2．据付に必要なクレーンおよびカッターブレード，コンクリートカッター，目地モルタル，自由勾配側溝損失分の費用，現場内小運搬等の費用を含む。
　　　3．側溝本体の切断により生じる粉塵の処理については，別途考慮する。
　　　4．基面整正は含まない。
　　　5．特殊養生，雪寒仮囲いのための機械経費，労務費，材料費は含まない。なお必要な場合は別途計上する。

工　種	標準単価			据付
	機	労	材	
蓋　版	○	○	×	

（注）1．蓋版本体の材料費は含まない。
　　　2．鋼製蓋版の場合は，受枠の設置を含む。
　　　3．現場内小運搬等の費用を含む。

新旧対比表

工種名	排水構造物工　P.416

現　　行

2－3　補正係数
（1）補正係数の適用基準

表2.2

規　格・仕　様		記号	適　用　基　準	備考
補正係数	L＝1,000を使用する場合	K_1	使用する側溝本体の長さ（L）が1,000mmの場合は，対象となる規格・仕様の単価を係数で補正する。	対象数量
	L＝4,000を使用する場合	K_2	使用する側溝本体の長さ（L）が4,000mmの場合は，対象となる規格・仕様の単価を係数で補正する。	
	~~L＝5,000を使用する場合~~	~~K_3~~	~~使用する側溝本体の長さ（L）が5,000mmの場合は，対象となる規格・仕様の単価を係数で補正する。~~	
	法面小段面	~~K_4~~	法面小段面部における作業の場合は，対象となる規格・仕様の単価を係数で補正する。	
	法面縦排水	~~K_5~~	法面縦排水部における作業の場合は，対象となる規格・仕様の単価を係数で補正する。	
	基礎砕石を施工しない場合	~~K_6~~	基礎砕石を施工しない場合は，対象となる規格・仕様の単価を係数で補正する。	
	再利用撤去	~~K_7~~	再利用を目的とした側溝本体および蓋版本体の撤去作業の場合は，対象となる規格・仕様の単価を係数で補正する。	

（2）補正係数の数値

表2.3

区　分		記号	U型側溝	自由勾配側溝	蓋版
補正係数	L＝1,000を使用する場合	K_1	1.17	－	－
	L＝4,000を使用する場合	K_2	0.93	－	－
	~~L＝5,000を使用する場合~~	~~K_3~~	~~0.88~~	－	－
	法面小段面	~~K_4~~	1.21	－	1.00
	法面縦排水	~~K_5~~	1.38	－	－
	基礎砕石を施工しない場合	~~K_6~~	0.87	0.87	－
	再利用撤去	~~K_7~~	0.51	－	0.62

（注）L＝1,000を使用する場合の補正係数（K_1），L＝4,000を使用する場合の補正係数（K_2）~~およびL＝5,000を使用する場合の補正係数（K_3）~~が補正の対象としているのは，U型L＝2,000であり，各々の個当たり質量を2mに換算し，適合する規格・仕様の単価を係数で補正する。

2－4　直接工事費の算出
　　　　［設置］
　　　　直接工事費＝（設計単価[注1]×設計数量）＋材料費[注2又は注3]
　　　　（注1）設計単価＝土木工事標準単価×（K_1×K_2×……×~~K_7~~）
　　　　（注2）材　料　費＝側溝材料単価×設計数量＋基礎砕石材料単価×設計数量×1.20（ロス分）
　　　　　　　　　　　　　　＋コンクリート材料単価×設計数量×1.06（ロス分）
　　　　（注3）材　料　費＝蓋版材料単価×設計数量